Lecture Notes in Mathematics

Edited by A. Dold and B. Eckmann

422

Jean-Michel Lemaire

Algèbres Connexes et Homologie des Espaces de Lacets

Springer-Verlag
Berlin · Heidelberg · New York 1974

Dr. Jean-Michel Lemaire
Université de Nice
Institut de Mathématiques et Sciences Physiques
Parc Valrose
F-06034 Nice

Library of Congress Cataloging in Publication Data

Lemaire, Jean Michel, 1945-
Algèbres connexes et homologies des espaces de lacets.

(Lecture notes in mathematics ; 422)
A revision of the author's thesis, Université de Paris VII, 1973.
Bibliography: p.
Includes index.
1. Lie algebras. 2. Algebra, Differential. 3. Homology theory. 4. Loop spaces. I. Title. II. Series: Lecture notes in mathematics (Berlin) ; 422.
QA3.L28 no. 422 [QA252.3] 512'.55 74-22393

AMS Subject Classifications (1970): 18H25, 55D35, 55D50, 55H20, 57F05

ISBN 3-540-06968-2 Springer-Verlag Berlin · Heidelberg · New York
ISBN 0-387-06968-2 Springer-Verlag New York · Heidelberg · Berlin

Offsetdruck: Julius Beltz, Hemsbach/Bergstr.

A Françoise

AVANT - PROPOS

Ce travail reprend, sous une forme plus lisible et améliorée sur certains points, les résultats de ma thèse de doctorat, soutenue à Paris VII, en Juin 1973. Celle-ci restera donc impubliée ; les lignes qui suivent méritent pourtant de trouver place ici :

J'ai eu l'honneur et la joie de voir réunis dans le Jury John MOORE, à qui je dois les idées qui m'ont permis de "démarrer" et qui a guidé mes premiers pas de jeune chercheur avec autant de gentillesse que de discernement ; Michel ZISMAN, qui a accepté de diriger mes travaux : ses conseils et ses critiques m'ont été aussi précieux que l'amitié qu'il a bien voulu me faire partager ; enfin Henri CARTAN, qui fut pour moi un "parrain" plein de sollicitude. Je leur exprime à tous trois ma profonde reconnaissance. Valentin POENARU a accepté de se joindre à eux pour me proposer un fort intéressant second sujet : je l'en remercie bien vivement. Enfin, je tiens à remercier tous ceux qui m'ont encouragé, par l'intérêt qu'ils ont porté à mes premiers résultats, et particulièrement Caspar CURJEL, Ioan JAMES et mon ami François SIGRIST.

INTRODUCTION.

Soit $\underline{\underline{k}}$ un corps commutatif, et soit ΣX la suspension d'un espace connexe X. La structure de l'algèbre de Pontryagin $H_*(\Omega\, \Sigma X ; \underline{\underline{k}})$ est connue depuis le travail de Bott et Samelson [2] : c'est une algèbre libre, isomorphe à l'algèbre tensorielle graduée sur $\tilde{H}_*(X ; \underline{\underline{k}})$. Dans [7] , j'ai abordé le problème de la détermination de la structure de $H_*(\Omega\, Z ; \underline{\underline{k}})$, dans le cas où $Z = \Sigma X \cup_f C\, \Sigma Y$ est le cône d'une application $f : \Sigma Y \longrightarrow \Sigma X$ entre deux suspensions d'espaces connexes ; j'ai pu ainsi construire un exemple où ΣX et ΣY sont des bouquets finis de sphères (5 et 7 sphères respectivement) et $H_*(\Omega Z ; \mathbb{Q})$ n'est pas une algèbre de type fini : cette construction repose sur la traduction en termes d'algèbres de Lie d'un exemple de Stallings [15] : elle est exposée sans démonstration dans [7], [8] .

Le présent travail précise et généralise ces résultats ; on y trouvera en particulier une justification complète de l'exemple cité, ainsi qu'une construction systématique d'exemples du même type.

Pour résoudre certaines difficultés rencontrées dans [7] , j'ai choisi une approche algébrique fondée sur les méthodes d'Adams et Hilton [1] .

Le premier chapitre est purement introductif, on y précise la notion de présentation par générateurs et relations d'une algèbre graduée connexe, et on y démontre que $\mathrm{Tor}_2^A(\underline{\underline{k}},\underline{\underline{k}})$ "mesure" les relations de A ; résultat sans doute bien connu, mais qui n'a guère sa place dans la littérature(1). Le cas des algèbres de Lie graduées est également traité.

Le second chapitre est consacré aux algèbres différentielles libres : la motivation de cette étude, qui apparaitra dans le troisième chapitre est la suivante : la méthode d'Adams-Hilton, ou la cobar-construction d'Adams, qui en dérive, ramène le calcul de $H_*(\Omega\, Z ; \underline{\underline{k}})$ à celui de l'homologie d'une algèbre différentielle libre.

(1) Sinon dans [17] , ce que j'ignorais quand j'ai écrit ce chapitre.

Après un rappel des techniques algébriques de [1], on définit une filtration sur une algèbre différentielle libre comme suit :
si $\mathfrak{A} = T(U)$ est une algèbre différentielle libre sur l'espace vectoriel gradué U, on pose $F_0 U = 0$ et on définit $F_p U$ par récurrence par :

$$\forall p \geq 0, \quad F_{p+1}U = \{x \in U \mid dx \in T(F_p(U))\}$$

on pose alors $F_p\mathfrak{A} = T(F_p U)$.
on dit que l'algèbre $\mathfrak{A}$ est de longueur n si l'on a $F_n\mathfrak{A} = \mathfrak{A}$. Les algèbres de longueur ≤ 1 sont celles dont la différentielle est nulle. L'essentiel de ce chapitre est consacré aux algèbres de longueur 2. Si $\mathfrak{A}$ est de longueur 2, on désigne par A l'algèbre (non différentielle) quotient de $T(F_1U)$ par l'idéal engendré par dU. On montre que le morphisme induit par l'inclusion $A \xrightarrow{\sigma} H\mathfrak{A}$ admet un inverse à gauche : de plus, si l'on pose :

$$C_{p,q} = \text{Coker } \text{Tor}^{\sigma}_{p,q}(\underline{\underline{k}},\underline{\underline{k}})$$

on a (théorème (2.3.8)) :

$$\forall p \geq 2, \forall q, \ C_{p,q} \cong \text{Tor}^{A}_{p+2,q-1}(\underline{\underline{k}},\underline{\underline{k}})$$

$$\forall q, \ C_{1,q} \cong \text{Tor}^{A}_{3,q-1}(\underline{\underline{k}},\underline{\underline{k}}) \oplus W''_q$$

où W''_q est un terme additionnel, nul si la présentation de A définie par $A = T(F_1U)/\{dU\}$ est minimale. Ce résultat est illustré par un exemple simple, et le chapitre se termine par la description de la suite spectrale d'Eilenberg-Moore :

$$E^2_{p,q} = \text{Tor}^{\mathfrak{A}}_{p,q}(\underline{\underline{k}},\underline{\underline{k}}) \underset{p}{\Longrightarrow} \text{Tor}^{\mathfrak{A}}_{p+q}(\underline{\underline{k}},\underline{\underline{k}})$$

dans le cas où $\mathfrak{A}$ est de longueur deux (cf. tableau de la page 47 bis).

Le chapitre 3 est consacré aux applications géométriques des résultats précédents. La méthode d'Adams-Hilton montre que si Z est un cw-complexe à deux cellules, $H_*(\Omega Z ; \underline{\underline{k}})$ est isomorphe à l'homologie d'une algèbre de longueur 2.

On retrouve ainsi le résultat de [1] , 3.5. De même, nous calculons $H_*(\Omega Z;\underline{\underline{k}})$ dans le cas où $Z = T_2(S_1,\dots,S_m)$ est un "bouquet garni" (fat wedge) de sphères, généralisant ainsi un résultat de Porter [12].

Plus généralement, si $Z = \Sigma X \cup_f C\Sigma Y$, une légère adaptation de la méthode de [1] montre que $H_*(\Omega Z ; \underline{\underline{k}})$ est l'homologie d'une algèbre libre de longueur 2, et l'on retrouve ainsi les résultats de [7] . Le § 3.3 est consacré à la construction de cw-complexes finis Z tels que $H_*(\Omega Z ; \mathbb{Q})$ n'est pas de type fini (propriété Q) ou n'admet pas de système fini de relations (propriété R) en admettant les propriétés d'algèbres de Lie appropriées, construites au chapitre 5. Enfin le dernier paragraphe traite d'une question d'homotopie rationnelle : si Λ est une algèbre de Lie sur $\mathbb{Q}$, de dimension homologique ≤ 2, on peut construire - sans utiliser [13] - un espace X de catégorie ≤ 2 dont l'homotopie rationnelle $\underline{\underline{\pi}}(X)$ est isomorphe à Λ (comme algèbre de Lie).

Au chapitre 4, on introduit la notion de modèle différentiel libre pour une algèbre connexe graduée A : c'est la donnée d'une algèbre différentielle $\mathfrak{A}$ et d'un morphisme différentiel $\rho : \mathfrak{A} \longrightarrow A$ tel que $\rho_* : H\mathfrak{A} \xrightarrow{\cong} A$ soit un isomorphisme.

On montre que toute algèbre A possède un modèle minimal; ce modèle est filtré par construction, et cette filtration coïncide avec celle définie ci-dessus pour une algèbre différentielle libre quelconque : si l'on désigne par $\mathfrak{A}^n$ le n-ième terme de cette filtration, l'algèbre $H\mathfrak{A}^n$ contient comme rétracte une sous-algèbre isomorphe à A, et l'on a le résultat suivant (prop.(4.2.12) qui généralise (2.3.8) :

$$\forall n \geq 2,\ \forall p \geq 1,\ \forall q,\ \mathrm{Tor}^{H\mathfrak{A}^n}_{p,q}(\underline{\underline{k}},\underline{\underline{k}}) \cong \mathrm{Tor}^{A}_{p,q}(\underline{\underline{k}},\underline{\underline{k}}) \oplus \mathrm{Tor}^{A}_{p+n,q-n+1}(\underline{\underline{k}},\underline{\underline{k}})$$

Nous appliquons ces résultats à la détermination de l'algèbre $H_*(\Omega Z ; \underline{\underline{k}})$ lorsque $Z = \mathbb{C}P(n)$ ou $\mathbb{H}P(n)$ et lorsque $Z = T_k(S_1,\dots,S_m)$ est un "bouquet garni" de sphères. De plus, en utilisant la théorie de Quillen [13] , nous montrons :

1) que si Λ est une algèbre de Lie graduée sur $\mathbb{Q}$ donnée, de dimension homologique $\leqslant n$, on peut trouver un cw-complexe X, de catégorie $\leqslant n$, tel que $\underline{\pi}(X) \cong \Lambda$ (proposition 4.4.8).

2) qu'on peut trouver des cw-complexes finis de catégorie quelconque satisfaisant les propriétés (Q) ou (R).

La construction d'espaces possédant les propriétés (Q) ou (R) repose sur l'existence d'algèbres de Lie graduées qui possèdent une propriété homologique analogue à celle du groupe construit par Stallings dans [15] . On dira qu'une algèbre de Lie Λ (sur $\mathbb{Q}$) possède la propriété ($\mathbb{P}_n$) si l'espace vectoriel gradué :

$$\mathcal{H}_p(\Lambda;\mathbb{Q}) = \mathrm{Tor}^{U\Lambda}_{p,*}(\mathbb{Q},\mathbb{Q})$$

est de dimension totale finie si $p \neq n$, et infinie pour $p = n$.
Le chapitre 5 est consacré à la construction, pour chaque entier n, d'algèbres de Lie qui possèdent la propriété ($\mathbb{P}_n$) : comme dans [15] , l'outil essentiel est une suite de Mayer-Viétoris pour l'homologie d'une somme amalgamée (prop. 5.1.9).

Dans le dernier paragraphe, nous construisons explicitement une suite (A^n) d'algèbres de Lie, telle que A^n possède ($\mathbb{P}_n$). L'algèbre A^3 n'est autre que celle décrite dans [8] .

On trouvera en appendice quelques résultats élémentaires d'algèbre homologique graduée, ainsi qu'une remarque sur les séries de Poincaré, utiles dans le chapitre 5.

Le lecteur qui souhaite étudier particulièrement les exemples d'espaces possédant les propriétés (Q) ou (R), pourra parcourir le chapitre 1, lire les paragraphes 2.1 à 2.4 du chapitre 2, 3.2 et 3.3 du chapitre 3, et enfin le chapitre 5 : ce chapitre ne dépend d'ailleurs que du premier (et de la définition (3.3.7) !).

Il pourra ensuite lire le chapitre 4, qui contient la description des exemples de catégorie > 2 ; ces derniers supposent une certaine familiarité avec [13] .

NOTATIONS.

(1) Un $\underline{\underline{k}}$-espace vectoriel gradué $V = V_*$ est une suite ($n \in \mathbb{N} \longmapsto V_n$) d'espaces vectoriels sur le corps $\underline{\underline{k}}$; dans un souci de simplicité, nous supposons une fois pour toutes que V_n est de dimension finie pour chaque n. Cette restriction sera rappelée lorsqu'elle interviendra. La suspension d'un espace vectoriel gradué V, notée sV, est l'espace vectoriel gradué défini par :

$\forall n, \quad (sV)_n = V_{n+1}$

(2) Nous définissons une $\underline{\underline{k}}$-algèbre graduée, une $\underline{\underline{k}}$-algèbre de Lie graduée, une $\underline{\underline{k}}$-algèbre de Hopf comme dans [8] , [10] , [11] , avec la restriction ci-dessus concernant les $\underline{\underline{k}}$-espaces vectoriels sous-jacents. Toutes les algèbres que nous considérerons seront supposées connexes : une algèbre (resp. algèbre de Hopf) A est connexe si $A_0 = \underline{\underline{k}}$, cet isomorphisme définissant l'unité et l'augmentation de A. Une algèbre de Lie Λ est connexe si $\Lambda_0 = 0$.

(3) On désignera par :

$\underline{\underline{k}}$ Alg : la catégorie des algèbres graduées connexes, et des morphismes d'icelles.

$\underline{\underline{k}}$ Hopf : la catégorie des algèbres de Hopf connexes et des morphismes d'icelles.

$\underline{\underline{k}}$ Hopf^c : la sous-catégorie pleine de $\underline{\underline{k}}$ Hopf dont les objets ont une diagonale cocommutative.

$\underline{\underline{k}}$ Lie : la catégorie des algèbres de Lie connexes, et des morphismes d'icelles.

(4) Toutes ces catégories ont un objet nul, qui est $\underline{\underline{k}}$, concentré en degré zéro et muni des structures évidentes par les trois premières, et 0 pour la dernière. On notera également $\underline{\underline{k}}$ (resp. 0) le morphisme nul.

(5) Notons $\underline{\underline{k}}$ $\underline{Vect}^{o}$ la catégorie des espaces vectoriels gradués, nuls en degré zéro, et soit V un objet de $\underline{\underline{k}}$ $\underline{Vect}^{o}$. L'algèbre tensorielle sur V est notée T(V) : rappelons que :

$$T(V) = \underline{\underline{k}} \oplus \left(\bigoplus_{p=1}^{\infty} V^{\otimes p} \right)$$

et que la multiplication est définie par l'associativité du produit tensoriel. Le foncteur :

$$T : \underline{\underline{k}}\ \underline{Vect}_{o} \longrightarrow \underline{\underline{k}}\ \underline{Alg}.$$

peut aussi être défini comme le coadjoint du foncteur qui associe à une algèbre A de $\underline{\underline{k}}$ $\underline{Alg}$ son idéal d'augmentation $\overline{A}$.
Nous noterons également T(V) l'algèbre de Hopf (cocommutative) obtenue en munissant T(V) de la diagonale primitivement engendrée par V.

(6) Les objets différentiels gradués sont définis comme dans [10] , [11] ; en particulier la différentielle est toujours de degré (-1).
Si $\underline{\underline{k}}\,\mathcal{C}$ est l'une des catégories
$\underline{\underline{k}}$ $\underline{Alg}$, $\underline{\underline{k}}$ $\underline{Hopf}$, $\underline{\underline{k}}$ $\underline{Lie}$, nous noterons $\underline{\underline{k}}$ $\underline{D\mathcal{C}}$ la catégorie des objets et morphismes différentiels correspondants. Il est commode de considérer comme une inclusion le foncteur pleinement fidèle:
$\underline{\underline{k}}\,\mathcal{C} \longrightarrow \underline{\underline{k}}\,D\mathcal{C}$ qui consiste à munir un objet non différentiel de la différentielle nulle. On notera :

$$\# : \underline{\underline{k}}\ D\mathcal{C} \longrightarrow \underline{\underline{k}}\,\mathcal{C}$$

le foncteur d'oubli de la différentielle.
On notera enfin :

$$H : \underline{\underline{k}}\ D\mathcal{C} \longrightarrow \underline{\underline{k}}\,\mathcal{C}$$

le foncteur qui associe à un objet différentiel son homologie, munie de la structure définie grâce à l'isomorphisme de Künneth.

TABLE des MATIERES.

APPENDICE

CHAPITRE I. PRESENTATIONS D'ALGEBRES CONNEXES

Dans ce chapitre, $\underline{\underline{k}}$ est un corps quelconque.

I.0. Indécomposables. Rappels et notations.

Soit A une $\underline{\underline{k}}$-algèbre connexe, et soit $\bar{A}$ l'idéal d'augmentation de A. Soit $f : M \longrightarrow N$ un homomorphisme de A-modules à gauche. On a le résultat suivant :

(I.0.I) LEMME (Milnor-Moore). Un homomorphisme de A-modules à gauche :

$$f : M \longrightarrow N$$

est surjectif ssi l'homomorphisme de $\underline{\underline{k}}$-espaces vectoriels gradués :

$$\underline{\underline{k}} \otimes_A f \ : \ \underline{\underline{k}} \otimes_A M \longrightarrow \underline{\underline{k}} \otimes_A N$$

est surjectif.

DEMONSTRATION : On a l'isomorphisme canonique :

$$k \otimes_A M = M/\bar{A}.M$$

et la démonstration se fait par récurrence sur le degré (cf [9] , prop.1.4). ∎

Plus généralement, si M est un A-bimodule, on posera :

$$Q_A M = (\underline{\underline{k}} \otimes_A M) \otimes_A \underline{\underline{k}} = k \otimes_A (M \otimes_A \underline{\underline{k}})$$

et on dira que $Q_A M$ est l'espace vectoriel des indécomposables du bimodule M. On sait qu'un A-bimodule peut être considéré comme $A \otimes A^{op}$-module de manière canonique ([3] , ch IX, § 3) : la seule différence avec le cas non gradué est l'introduction du "signe de Koszul" : ainsi, le produit dans l'algèbre opposée A^{op} des éléments a et b, de degrés respectifs p et q est

$$(-1)^{pq}\ ba$$

où ba est le produit dans A de b et de a.
De même, si m est un élément du A-bimodule M de degré r, la structure de $A \otimes A^{op}$-module à gauche de M est définie par

$$\forall a \forall b \forall m, \quad (a \otimes b).m = (-1)^{qr}\ a.m.b$$

Dans ces conditions, on a l'isomorphisme canonique :

(1.0.2) $$Q_A M = \underline{\underline{k}} \otimes_{A \otimes A^{op}} M$$

et on en déduit immédiatement le :

LEMME (1.0.2) : Un homomorphisme de A-bimodules :

$$f : M \longrightarrow N$$

est surjectif si et seulement si l'homomorphisme d'espaces vectoriels gradués :

$$Q_A f : Q_A M \longrightarrow Q_A N$$

est surjectif. ▮

Dans ce qui suit, nous appelerons "idéal de A", un sous-A-bimodule de l'algèbre A, distinct de A. L'idéal d'augmentation $\bar{A}$ est l'unique idéal maximal de A. Si I est un idéal de A, on notera simplement QI au lieu de $Q_A I$ l'espace vectoriel des indécomposables de I.

Si $I = \bar{A}$, nous noterons QA l'espace vectoriel $Q\bar{A} = \bar{A}/\bar{A}\bar{A}$, aucune confusion n'étant à craindre, et nous dirons que QA est l'espace vectoriel des indécomposables de l'algèbre A. Le résultat suivant se démontre de manière analogue à (1.0.1) :

(1.0.3) LEMME ([9] ,3.8) Un homomorphisme d'algèbres graduées connexes :

$$f : A \longrightarrow B$$

est surjectif ssi l'homomorphisme d'espaces vectoriels gradués :

$$Qf : QA \longrightarrow QB$$

est surjectif. ▮

L'espace des indécomposables de l'algèbre A peut aussi s'interpréter de la manière suivante (cf : [3] ch X § 1) :

(1.0.4) LEMME. On a un isomorphisme naturel :

$$\partial : \mathrm{Tor}^A_{1,*}(\underline{k},\underline{k}) \xrightarrow{\sim} QA$$

DEMONSTRATION : On a : $QA = \bar{A}/\bar{A}.\bar{A} = \underline{\underline{k}} \otimes_A \bar{A}$

A présent l'homomorphisme bord :

$$\mathrm{Tor}^A_{1,*}(\underline{k},\underline{k}) \xrightarrow{\partial} \underline{k} \otimes_A \bar{A}$$

défini par la suite exacte naturelle :

$$0 \longrightarrow \bar{A} \longrightarrow A \xrightarrow{\varepsilon} \underline{k} \longrightarrow 0$$

est un isomorphisme car A est A-libre et A opère trivialement sur $\underline{k}$. ∎

1.1 Générateurs et relations.

On dira qu'une partie $\mathfrak{I}$ d'une $\underline{k}$-algèbre graduée connexe A engendre A comme algèbre si la plus petite sous-algèbre de A contenant $\mathfrak{I}$ est A. L'énoncé suivant est évident :

(1.1.1) SORITE : Un sous espace vectoriel $V \subset \bar{A}$ engendre A comme algèbre ssi l'homomorphisme d'algèbres

$$T(V) \longrightarrow A$$

défini par l'inclusion $V \hookrightarrow A$ est surjectif. ∎

On en déduit immédiatement le :

(1.1.2) LEMME. Le sous-espace vectoriel $V \subset \bar{A}$ engendre A comme algèbre ssi la composée

$$V \hookrightarrow \bar{A} \longrightarrow QA$$

est surjective.

DEMONSTRATION : On a canoniquement $QT(V) = V$, et l'on applique (1.0.3) ∎

Désignons par $\bar{a}$ l'image dans QA de l'élément a de $\bar{A}$. D'après (1.1.2), une famille (a_i) d'éléments de A est un système de générateurs (resp. minimal) ssi la famille $(\bar{a}_i)$ est un système de générateurs (resp. une base) de l'espace vectoriel QA. Compte tenu de (1.0.4), nous pouvons conclure :

(1.1.3) Il existe une bijection respectant les degrés entre tout système minimal de générateurs de l'algèbre A et toute base de l'espace vectoriel gradué $\mathrm{Tor}^A_{1,*}(\underline{k},\underline{k})$.

Dans ce qui suit, si V est un espace vectoriel gradué, nul en degré zéro, et (v_i) une base de V, on notera indifféremment $T(V)$ ou $T(v_i)$ l'algèbre tensorielle de V : c'est l'algèbre connexe librement engendrée par la famille (v_i).

L'idéal de A engendré par une partie de $\bar{A}$ est le plus petit idéal contenant cette partie. Si V est un sous-espace vectoriel de A, l'idéal engendré par V est l'image de la composée :

$$A \otimes V \otimes A \hookrightarrow A \otimes \bar{A} \otimes A \xrightarrow{m} A$$

on a donc, d'après (1.0.2) :

(1.1.4) LEMME : Soit I un idéal de A et V un sous-espace vectoriel de I. Alors V engendre l'idéal I ssi la composée :

$$V \hookrightarrow I \longrightarrow QI$$

est surjective. ∎

(1.1.5) SORITE : Tout morphisme d'algèbres connexes $f : A \longrightarrow B$ admet un conoyau dans $\underline{k}$ $\underline{A}$lg, isomorphe au quotient de A par l'idéal engendré par $f(\bar{A})$. La vérification est immédiate. Notons qu'un morphisme de $\underline{k}$ $\underline{A}$lg est surjectif ssi son conoyau est l'objet nul de $\underline{k}$ $\underline{A}$lg (i.e. $\underline{k}$). ∎

On dira qu'une suite de $\underline{k}$ $\underline{A}$lg :

$$A' \xrightarrow{f} A \xrightarrow{g} A''$$

est coexacte si $f(\bar{A}')$ engendre l'idéal $g^{-1}(0)$ de A.

(1.1.6) DEFINITION. Une présentation de l'algèbre connexe A est la donnée de deux espaces vectoriels V et W, nuls en degrés zéro, et de deux morphismes d'algèbres

$$p : T(V) \longrightarrow A \qquad q : T(W) \longrightarrow T(V) \text{ tels que la suite :}$$

$$T(W) \xrightarrow{q} T(V) \xrightarrow{p} A \longrightarrow \underline{k}$$

soit exacte.

Il revient au même de dire que A est isomorphe au quotient de l'algèbre libre $T(V)$ par l'idéal engendré par $q(W)$. Si (v_i) (resp. (w_j)) est une base de V (resp. W) on écrira A sous la forme :

$$A = \{(v_i) \; ; \; (q(w_j) = 0)\}$$

usuelle en théorie des groupes discrets, et nous dirons que A est définie par les générateurs v_i et les relations $q(w_j) = 0$.

(1.1.7) Soit :

$$(\ast) \quad T(W) \xrightarrow{q} T(V) \xrightarrow{p} A$$

une suite (i.e. $p \circ q = \underline{\underline{k}}$) d'algèbres connexes, et soit $J = p^{-1}(0)$. D'après (1.1.2) et (1.1.4), une condition nécessaire et suffisante pour que $(\ast)$ soit une présentation de A est que les morphismes :

$$\bar{p} \; : \; V \longrightarrow QA$$

$$\bar{q} \; : \; W \longrightarrow QJ$$

induits par p et q respectivement soient surjectifs. On dira que $(\ast)$ est une présentation <u>minimale</u> de A si p et q sont bijectifs.

(1.1.8) Toute présentation minimale de l'algèbre A peut s'obtenir comme suit. Soit :

$$s \; : \; QA \longrightarrow \bar{A}$$

une section de la surjection canonique $\bar{A} \twoheadrightarrow QA$, et soit

$$\tilde{s} \; : \; T(QA) \longrightarrow A$$

le morphisme d'algèbre défini par s. D'après (1.0.3), $\tilde{s}$ est surjectif. Soit $R = \tilde{s}^{-1}(0)$ l'idéal des "relations", soit $t : QR \longrightarrow R$ une section de la surjection canonique $R \twoheadrightarrow QR$, et soit enfin

$$\tilde{t} \; : \; T(QR) \longrightarrow T(QA)$$

le morphisme d'algèbres défini par la composée :

$$QR \xrightarrow{t} R \hookrightarrow \overline{T(QA)}$$

Alors la suite :

$$T(QR) \xrightarrow{\tilde{t}} T(QA) \xrightarrow{\tilde{s}} A \longrightarrow \underline{\underline{k}}$$

est une présentation minimale de A.

Nous pouvons maintenant énoncer le résultat le plus important de ce chapitre, qui généralise (1.0.4) :

(1.1.9) THEOREME.

Avec les notations précédentes, il existe un isomorphisme d'espaces vectoriels gradués :

$$\delta : \mathrm{Tor}^{A}_{2,*}(\underline{\underline{k}},\underline{\underline{k}}) \xrightarrow{\sim} QA$$

qui dépend naturellement du couple (A,s).

Ce théorème est démontré au n° suivant (1.2.2).

(1.1.10) COROLLAIRE : Un système minimal de relations entre les éléments d'un système minimal de générateurs d'une algèbre connexe A, est en bijection, respectant les degrés, avec une base du $\underline{\underline{k}}$-espace vectoriel gradué $\mathrm{Tor}^{A}_{2,*}(\underline{\underline{k}},\underline{\underline{k}})$. ∎

On dira qu'une algèbre connexe A est de type fini si elle admet une famille finie de générateurs. On dira que A est de présentation finie si elle admet une présentation

$$T(W) \longrightarrow T(V) \longrightarrow A \longrightarrow \underline{\underline{k}}$$

dans laquelle les espaces vectoriels V et W admettent des bases finies, i.e sont de dimension totale finie. Les assertions (1.0.4) et (1.1.9) fournissent donc une caractérisation homologique des algèbres de type ou de présentation finie :

(1.1.11) COROLLAIRE : Une algèbre A est de type fini ssi l'espace vectoriel gradué $\mathrm{Tor}^{A}_{1,*}(\underline{\underline{k}},\underline{\underline{k}})$ est de dimension totale finie. L'algèbre A est de présentation finie ssi de plus l'espace vectoriel $\mathrm{Tor}^{A}_{2,*}(\underline{\underline{k}},\underline{\underline{k}})$ est de dimension totale finie. ∎

1.2. Une suite exacte.

Dans ce paragraphe, nous nous donnons un homomorphisme surjectif d'algèbres

$$p : A' \longrightarrow A$$

et nous désignons par I l'idéal $p^{-1}(0)$ de A'.

Le résultat principal de ce paragraphe est le :

(1.2.1) <u>THEOREME</u> : Il existe un morphisme naturel d'espaces vectoriels gradués :

$$\delta : \mathrm{Tor}^{A}_{2,*}(\underline{\underline{k}},\underline{\underline{k}}) \longrightarrow QI$$

tel que la suite :

$$\mathrm{Tor}^{A'}_{2,*}(\underline{\underline{k}},\underline{\underline{k}}) \xrightarrow{\mathrm{Tor}^{p}} \mathrm{Tor}^{A}_{2,*}(\underline{\underline{k}},\underline{\underline{k}}) \xrightarrow{\delta} QI \longrightarrow QA' \xrightarrow{Qp} QA \longrightarrow 0$$

qui dépend naturellement de l'homomorphisme p, soit exacte.

Avant de démontrer ce résultat, voyons-en d'abord quelques conséquences.

<u>(1.2.2) DEMONSTRATION de (1.1.9).</u>

Reprenons les notations de (1.1.8). La suite exacte (1.2.1) appliquée à l'épimorphisme :

$$\tilde{s} : T(QA) \longrightarrow A$$

montre que :

$$\delta : \mathrm{Tor}^{A}_{2,*}(\underline{\underline{k}},\underline{\underline{k}}) \longrightarrow QR$$

est un isomorphisme : en effet $Q\tilde{s}$ est l'identité de QA et $\mathrm{Tor}^{T(QA)}_{2,*}(\underline{\underline{k}},\underline{\underline{k}}) = 0$. ∎

<u>(1.2.3) COROLLAIRE</u>. Un homomorphisme d'algèbres connexes $f : A' \longrightarrow A$ est un isomorphisme si et seulement si :

$\mathrm{Tor}^{f}_{1} : \mathrm{Tor}^{A'}_{1,*}(\underline{\underline{k}},\underline{\underline{k}}) \longrightarrow \mathrm{Tor}^{A}_{1,*}(\underline{\underline{k}},\underline{\underline{k}})$ est bijectif

et

$\mathrm{Tor}^{f}_{2} : \mathrm{Tor}^{A'}_{2,*}(\underline{\underline{k}},\underline{\underline{k}}) \longrightarrow \mathrm{Tor}^{A}_{2,*}(\underline{\underline{k}},\underline{\underline{k}})$ est surjectif.

<u>Preuve</u> : La condition est trivialement nécéssaire. Réciproquement, comme $Qf = \mathrm{Tor}^{f}_{1}(\underline{\underline{k}},\underline{\underline{k}})$, le morphisme f est surjectif. Soit $I = f^{-1}(0)$. La suite exacte (1.2.1) nous donne alors $QI = 0$, soit $I = 0$. ∎

<u>Sous-corollaire (1.2.4)</u> :

Une algèbre $A' \in \underline{\underline{k}}$ <u>Alg</u> est libre si et seulement si $\mathrm{Tor}^{A'}_{2}(\underline{\underline{k}},\underline{\underline{k}}) = 0$

<u>Preuve</u> : La condition est nécéssaire, et on montre qu'elle est suffisante en appliquant (1.2.3) au morphisme $\tilde{s} : T(QA') \longrightarrow A'$ transposé d'une section quelconque $s : QA' \longrightarrow \bar{A}'$. ∎

Nous donnerons deux démonstrations du théorème (1.2.1), en laissant au lecteur courageux le soin de vérifier que les suites obtenues par les deux procédés coïncident.

(1.2.5) Première démonstration de (1.2.1).

On considère la suite spectrale "de changement d'anneau" ([3] , ch.XVI § 5) associée au morphisme p : $A' \longrightarrow A$:

$$E^2_{p,q} = \mathrm{Tor}^A_p(\underline{k}, \mathrm{Tor}^{A'}_q(A,\underline{k})) \Longrightarrow \mathrm{Tor}^{A'}_{p,q}(\underline{k},\underline{k})$$

On notera que $E^2_{p,q}$ est un $\underline{k}$-espace vectoriel gradué (pour p et q fixés).

La suite exacte "des termes de bas degré" est alors :

$$\mathrm{Tor}^{A'}_2(\underline{k},\underline{k}) \longrightarrow E^2_{2,0} \xrightarrow{d^2} E^2_{0,1} \longrightarrow \mathrm{Tor}^{A'}_1(\underline{k},\underline{k}) \longrightarrow E^{\infty}_{1,0} \longrightarrow 0$$

$$E^2_{2,0} = \mathrm{Tor}^A_2(\underline{k},\underline{k}), \qquad E^{\infty}_{1,0} = E^2_{1,0} = \mathrm{Tor}^A_1(\underline{k},\underline{k})$$

On identifie les "coins" de la manière habituelle.

A présent :

$$E^2_{0,1} = \underline{k} \otimes_A (\mathrm{Tor}^{A'}_1(A,\underline{k}))$$

mais la suite exacte de A'-modules :

$$0 \longrightarrow I \longrightarrow A' \xrightarrow{p} A \longrightarrow 0$$

nous donne l'isomorphisme de A' (ou de A)-modules :

$$\mathrm{Tor}^{A'}_1(A,k) \xrightarrow{\simeq} I \otimes_{A'} \underline{k}$$

et comme $k \otimes_A ? \simeq k \otimes_{A'} ?$ puisque p est surjectif, il vient

$$E^2_{0,1} = \underline{k} \otimes_{A'} (I \otimes_{A'} \underline{k}) = QI \qquad \blacksquare$$

(1.2.6) <u>Deuxième démonstration de (1.2.1)</u>

Soient $m' \; : \bar{A}' \otimes \bar{A}' \longrightarrow \bar{A}'$

$m \; : \bar{A} \otimes \bar{A} \longrightarrow \bar{A}$

les multiplications de A' et A, et soit :

$$m'^2 = m \otimes \bar{A}' - \bar{A}' \otimes m \; : \; \bar{A}' \otimes \bar{A}' \otimes \bar{A}' \longrightarrow \bar{A}' \otimes \bar{A}'$$

$$m^2 = m \otimes \bar{A} - \bar{A} \otimes m \; : \; \bar{A} \otimes \bar{A} \otimes \bar{A} \longrightarrow \bar{A} \otimes \bar{A}$$

La bar- construction montre que :

$$\mathrm{Ker}(m')/\mathrm{Im}(m'^2) = \mathrm{Tor}_2^{A'}(\underline{k},\underline{k})$$

considérons alors le diagramme :

(1.2.7)

$$
\begin{array}{ccccccccc}
 & & & & 0 & & 0 & & \\
 & & & & \downarrow & & \downarrow & & \\
 & & & & \mathrm{Ker}\, m' & \longrightarrow & \mathrm{Ker}\, m & & \\
 & & & & \downarrow & & \downarrow \gamma & & \\
0 & \longrightarrow & I \otimes \bar{A}' + \bar{A} \otimes I & \hookrightarrow & \bar{A}' \otimes \bar{A}' & \xrightarrow{p \otimes p} & \bar{A} \otimes \bar{A} & \longrightarrow & 0 \\
 & & \downarrow & & \downarrow m & & \downarrow m & & \\
0 & \longrightarrow & I & \xrightarrow{i} & \bar{A}' & \xrightarrow{p} & \bar{A} & \longrightarrow & 0 \\
 & & \downarrow \omega & & \downarrow \pi' & & \downarrow \pi & & \\
 & & QI & \longrightarrow & QA' & \xrightarrow{Q_p} & QA & \longrightarrow & 0
\end{array}
$$

Les lignes du milieu sont exactes ; le "lemme du serpent" nous donne la suite exacte :

(1.2.8)

$$\mathrm{Ker}\, m' \longrightarrow \mathrm{Ker}\, m \xrightarrow{\delta} QI \longrightarrow QA' \xrightarrow{Q_p} QA \longrightarrow 0$$

avec $\delta = \omega \circ i^{-1} \circ m' \circ (p \otimes p)^{-1} \circ \gamma$. les notations étant celles du diagramme (1.2.7).

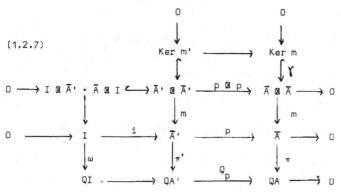

A présent $p \otimes p$ induit le morphisme de suites exactes :

$$(1.2.9)\qquad \begin{array}{ccccccccc} 0 & \longrightarrow & Im(m'^2) & \hookleftarrow & Ker\ m' & \longrightarrow & Tor_2^{A'}(\underline{k},\underline{k}) & \longrightarrow & 0 \\ & & \downarrow{\scriptstyle p \otimes p} & & \downarrow{\scriptstyle p \otimes p} & & \downarrow{\scriptstyle Tor_2^p(\underline{k},\underline{k})} & & \\ 0 & \longrightarrow & Im(m^2) & \hookrightarrow & Ker\ m & \longrightarrow & Tor_2^A(\underline{k},\underline{k}) & \longrightarrow & 0 \end{array}$$

et le carré commutatif :

$$\begin{array}{ccc} \bar{A}' \otimes \bar{A}' \otimes \bar{A}' & \longrightarrow & Im(m'^2) \\ \downarrow{\scriptstyle p \otimes p \otimes p} & & \downarrow{\scriptstyle p \otimes p} \\ \bar{A} \otimes \bar{A} \otimes \bar{A} & \longrightarrow & Im(m^2) \end{array}$$

montre que $p \otimes p \mid Im(m'^2)$ est surjectif sur $Im(m^2)$. Le diagramme (1.2.9) montre alors que δ : Ker m $\longrightarrow$ QI factorise à travers $Tor_2^A(\underline{k},\underline{k})$ en $\bar{\delta} : Tor_2^A(k,k) \longrightarrow QI$, et que de plus la suite :

$$Tor_2^{A'}(k,k) \xrightarrow{Tor_2^p} Tor_2^A(\underline{k},\underline{k}) \xrightarrow{\bar{\delta}} QI$$

est exacte ; compte tenu de (1.2.8) ceci achève la démonstration. ∎

<u>Remarque (1.2.10) : présentations et résolutions</u> :

Soit :

$$T(W) \xrightarrow{q} T(V) \xrightarrow{p} A \longrightarrow \underline{k}$$

une présentation de l'algèbre A. Considérons les morphismes de A-modules :

$$d' : A \otimes V \longrightarrow A \otimes V$$

$$d'' : A \otimes W \longrightarrow A \otimes T(V)$$

définis comme suit : d' est la composée :

$$A \otimes V \hookrightarrow A \otimes T(V) \xrightarrow{A \otimes p} A \otimes A \xrightarrow{m_A} A$$

Ensuite, si $\tilde{d}''$ désigne la composée :

$$W \hookrightarrow \overline{T(W)} \xrightarrow{q} \overline{T(V)} = T(V) \otimes V \xrightarrow{p \otimes V} A \otimes V$$

on pose $d'' = (m_A \otimes V).(A \otimes \tilde{d}'')$

$$A \otimes W \xrightarrow{A \otimes \tilde{d}''} A \otimes A \otimes V \xrightarrow{m_A \otimes V} A \otimes V$$

LEMME (1.2.11).

La suite de A-modules

$$A \otimes W \xrightarrow{d''} A \otimes V \xrightarrow{d'} A \longrightarrow \underline{\underline{k}}$$

est exacte.

Preuve :

Notons d'abord que le carré :

$$\begin{array}{ccc} T(V) \otimes V & \xrightarrow{=} & \overline{T(V)} \\ {\scriptstyle p \otimes V}\downarrow & & \downarrow{\scriptstyle p} \\ A \otimes V & \xrightarrow{d'} & A \end{array}$$

est commutatif, ce qui montre que coker $d' = \underline{\underline{k}}$, et d'autre part on a $d'\, d'' = pq|W = 0$, ce qui entraîne $d'd'' = 0$.

Considérons le diagramme suivant, dans lequel $J = p^{-1}(0)$:

$$\begin{array}{ccccccccc} & & 0 & & 0 & & & & \\ & & \downarrow & & \downarrow & & & & \\ 0 & \longrightarrow & J \otimes V & \longrightarrow & J \otimes V & \longrightarrow & 0 & & \\ & & \downarrow & & \downarrow & & \downarrow & & \\ 0 & \longrightarrow & J & \longrightarrow & T(V) \otimes V & \xrightarrow{p} & \bar{A} & \longrightarrow & 0 \\ & & \downarrow & & {\scriptstyle p \otimes M}\downarrow & & \Vert & & \\ 0 & \longrightarrow & J/J \otimes V & \longrightarrow & A \otimes V & \xrightarrow{d'} & A & \longrightarrow & 0 \\ & & \downarrow & & \downarrow & & \downarrow & & \\ & & 0 & & 0 & & 0 & & \end{array}$$

Le "lemme des neuf" appliqué à ce diagramme montre que

$$\mathrm{Ker}\ d' \cong J/J \otimes V.$$

A présent d" factorise à travers $J/J \otimes V$ en

$$\bar{d}'' : A \otimes W \longrightarrow J/J \otimes V$$

et $\bar{d}''$ est surjective si et seulement si $\underline{k} \otimes_A \bar{d}''$ l'est d'après (1.0.1).

Or, nous avons un isomorphisme canonique :

$$\underline{k} \otimes_A (J/J \otimes V) = QJ$$

et la composée :

$$N = \underline{k} \otimes_A (A \otimes W) \xrightarrow{\underline{k} \otimes_A \bar{d}''} \underline{k} \otimes_A (J/J \otimes V) = QJ$$

n'est autre que l'application $\bar{q} : N \longrightarrow QJ$ induite par q, qui est surjective puisque la suite (g,p) est une présentation de A. ∎

A toute présentation de A est donc associée de manière naturelle un début de résolution A-projective de $\underline{k}$.

1.3. Le cas des algèbres de Lie :

Dans ce n° nous montrons brièvement comment les résultats précédents peuvent s'interprèter dans le cas des algèbres de Lie graduées. A cette occasion nous rappelons quelques définitions classiques :

(1.3.1) Soit L un objet de $\underline{k}$ Lie. On notera $[\ ,\ ] : L \otimes L \longrightarrow L$ le morphisme de structure (crochet) de L. Une sous-algèbre L' de L est normale si $[L,L'] \subset L'$. Si $f : L \longrightarrow L''$ est un morphisme de $\underline{k}$ Lie, $L' = f^{-1}(0)$ est une sous-algèbre normale de L, et l'inclusion $L' \hookrightarrow L$ est un noyau de f dans $\underline{k}$ Lie. On dit aussi que L' est un idéal de L. On posera :

$$Q_L L' = L'/[L,L']$$

et

$$Q_L L = QL = L/[L,L]$$

Les lemmes (1.1.2) et (1.1.4) s'étendent immédiatement aux algèbres de Lie, car l'associativité de la multiplication n'intervient pas.

On notera que l'on peut considérer $Q_L L'$ et QL comme des algèbres de Lie abéliennes (i.e. à crochet identiquement nul).

(1.3.2) Soit une algèbre $A \in \underline{k}\ \underline{Alg}$, de morphisme structural $m : A \otimes A \longrightarrow A$. Le crochet $[\ ,\ ] = m - m_\circ T$ confère à $\bar{A}$ une structure d'algèbre de Lie : le foncteur $\underline{k}\ \underline{Alg} \longrightarrow \underline{k}\ \underline{Lie}$ ainsi obtenu admet un coadjoint

$$U : \underline{k}\ \mathrm{Lie} \longrightarrow \underline{k}\ \underline{Alg}$$

qui est le foncteur algèbre enveloppante, défini dans le contexte gradué dans [9] . En fait U prend ses valeurs dans la catégorie $\underline{k}\mathcal{P}\underline{Hopf}$ des algèbres de Hopf (connexes) primitivement engendrées.

(1.3.3) Par ailleurs, le foncteur "d'oubli du crochet" $u : \underline{k}\ \underline{Lie} \longrightarrow \underline{k}\ \underline{Vect}^1$ admet un coadjoint $L : \underline{k}\ \underline{Vect}^1 \longrightarrow \underline{k}\ \underline{Lie}$ (algèbre de Lie libre) [si $V \in \underline{k}\ \underline{Vect}^1$, l'algèbre de Lie libre sur V, soit L(V), est la plus petite sous-algèbre de Lie de $\overline{T(V)}$ contenant V]. Bien évidemment $U\,L(V) = T(V)$.

(1.3.4) Toutes les notions et propositions exposées dans le n°1.1 peuvent alors se traduire dans la catégorie $\underline{k}\ \underline{Lie}$. En particulier, la suite de $\underline{k}\ \underline{Lie}$:

$$(**) \quad L(W) \xrightarrow{\ q\ } L(V) \xrightarrow{\ p\ } L \longrightarrow 0$$

est coexacte, i.e. est une présentation de l'algèbre de Lie L, si et seulement si les applications linéaires

$$\bar{p} : V \longrightarrow QL$$
$$\bar{q} : W \longrightarrow Q_{L(V)}(L')$$

avec $L' = p^{-1}(0) \subset L(V)$, sont surjectives. Si elles sont bijectives, on dira que (**) est une présentation minimale de L, et on construit une telle présentation minimale comme en (1.1.8).

(1.3.5) Le foncteur $U : \underline{k}\ \underline{Lie} \longrightarrow \underline{k}\ \underline{Alg}$ étant coadjoint commute aux conoyaux. L'image par U d'une présentation de l'algèbre de Lie L est donc une présentation de UL.

Plus généralement, soit

$$p : L \longrightarrow L''$$

un épimorphisme de $\underline{\underline{k}}$ $\underline{\text{Lie}}$, et soit $L' = p^{-1}(0)$. Soit d'autre part $J = (Up)^{-1}(0)$. Le morphisme $Up : UL \longrightarrow UL''$ est un épimorphisme de $\underline{k}$ $\underline{\text{Alg}}$.

Les morphismes d'adjonction $\beta'' : L'' \longrightarrow UL''$ et $\beta : L \longrightarrow UL$ induisent des applications linéaires :

$$\bar{\beta}'' : QL'' = \underline{L}''/ [L'',L''] \longrightarrow \overline{U}L''/\overline{U}L''^2 = QUL''$$

$$\bar{\beta} : Q_L L' = \underline{L}'/ [L,L'] \longrightarrow J/\overline{U}L.J + J.\overline{U}L = QJ$$

PROPOSITION (1.3.6) : $\bar{\beta}$ et $\bar{\beta}''$ sont des isomorphismes.

Preuve :

C'est bien comme pour $\bar{\beta}''$, au moins pour les algèbres de Lie ordinaires : la démonstration donnée dans ([3] , ch XIII § 2(4)) s'applique sans modification au cas gradué.

De plus, on sait que $\beta L'$ engendre J (ibidem§1.prop. 1.3), donc $\bar{\beta}$ est surjective; on peut construire un inverse à gauche - donc un inverse - pour $\bar{\beta}$ de la façon suivante : notons $\mathfrak{R}(L)$ l'idéal de $T(L)$ engendré par les éléments de la forme :

$$\forall x \ \forall y \ \ L, \ [x,y] - x \otimes y + (-1)^{|x||y|} y \otimes x$$

Par définition $UL = T(L)/\mathfrak{R}(L)$. Définissant de même $\mathfrak{R}(L'')$, l'application $\mathfrak{R}(L) \longrightarrow \mathfrak{R}(L'')$ induite par p est surjective ; si nous notons $I = T(p)^{-1}(0) \subset T(L)$, on a le diagramme suivant, où les lignes et les colonnes sont exactes :

(1.3.7)

$$\begin{array}{ccccccccc}
 & & 0 & & 0 & & 0 & & \\
 & & \downarrow & & \downarrow & & \downarrow & & \\
0 & \longrightarrow & I \cap \mathfrak{R}(L) & \longrightarrow & \mathfrak{R}(L) & \longrightarrow & \mathfrak{R}(L'') & \longrightarrow & 0 \\
 & & \downarrow & & \downarrow & & \downarrow & & \\
0 & \longrightarrow & I & \hookrightarrow & T(L) & \xrightarrow{T(p)} & T(L'') & \longrightarrow & 0 \\
 & & \downarrow & & \downarrow & & \downarrow & & \\
0 & \longrightarrow & J & \hookrightarrow & UL & \xrightarrow{Up} & UL'' & \longrightarrow & 0 \\
 & & \downarrow & & \downarrow & & \downarrow & & \\
 & & 0 & & 0 & & 0 & &
\end{array}$$

A présent $I = T(L) \otimes L' + L' \otimes T(L)$, d'où $QI = L'$

et la composée

$$L' \hookrightarrow I \twoheadrightarrow QI = L'$$

est l'identité de L'.

On vérifie alors immédiatement que la composée

$$I \cap \mathfrak{R}(L) \longrightarrow I \longrightarrow QI = L' \longrightarrow L'/[L,L']$$

est nulle, ce qui définit par passage au quotient :

$$\gamma : J \longrightarrow L'/[L,L']$$

comme de plus $\gamma | J.UL + UL.J = 0$, on obtient : $\bar{\gamma} : QJ \longrightarrow Q_L L'$
telle que $\bar{\gamma} \circ \beta = Q_L L'$. ■

COROLLAIRE (1.3.8) : L'image par U d'une présentation minimale d'une algèbre de Lie L est une présentation minimale de UL. ■

Remarques (1.3.9) :

L'image par U d'une présentation de l'algèbre de Lie L est en fait une suite coexacte dans la catégorie $\underline{k}\mathcal{P}$Hopf des algèbres de Hopf primitivement engendrées : il est clair en effet qu'une suite d'algèbres de Hopf est coexacte si et seulement si elle l'est comme suite d'algèbres.

Soit V un espace vectoriel nul en degré zéro. L'isomorphisme $T(V) = U\,L(V)$ permet de considérer T(V) comme un objet de $\underline{k}\mathcal{P}$Hopf : plus simplement, la diagonale est uniquement déterminée par $V \subset PT(V)$. On dira qu'un objet A de $\underline{k}\mathcal{P}$Hopf admet une présentation primitive s'il existe une suite coexacte de $\underline{k}\mathcal{P}$Hopf :

$$T(W) \xrightarrow{q} T(V) \xrightarrow{p} A \longrightarrow \underline{k}$$

Toute algèbre enveloppante admet donc une présentation (minimale) primitive. Si $\underline{k}$ est de caractéristique nulle, toute algèbre de Hopf cocommutative est isomorphe à l'algèbre enveloppante de ses primitifs. Toute algèbre de Hopf cocommutative sur un corps de caractéristique nulle admet donc une présentation (minimale) primitive, résultat qu'il est d'ailleurs facile d'établir directement.

APPENDICE : (1.3.10)

Autre manière d'obtenir les résultats de ce n°.

Notons $\mathcal{H}_n(L;M)$ le n-ième module d'homologie de l'algèbre de Lie $L \in \underline{k}$ Lie, à coefficients dans le L-module M. On a

$$\mathcal{H}_n(L;M) = \mathrm{Tor}_n^{UL}(M;\underline{k})$$

et $\mathcal{H}_n(L;M)$ est un $\underline{k}$-espace vectoriel gradué.

(La notation $\mathcal{H}$ a pour but d'éviter les confusions avec l'homologie d'un objet différentiel, pour laquelle nous utiliserons la lettre H).

Le théorème (1.2.1) et les résultats de ce n° nous donnent la :

PROPOSITION (1.3.11)

Soit : $0 \longrightarrow L' \xrightarrow{j} L \xrightarrow{p} L'' \longrightarrow 0$

une suite exacte de $\underline{k}$ Lie (i.e. $L' = p^{-1}(0)$)

On a une suite exacte :

$$\mathcal{H}_2(L;\underline{k}) \xrightarrow{p_*} \mathcal{H}_2(L'',\underline{k}) \xrightarrow{\delta} Q_L L' \longrightarrow \mathcal{H}_1(L;\underline{k}) \xrightarrow{p_*} \mathcal{H}_1(L;\underline{k}) \longrightarrow 0$$

On peut donner une démonstration directe de cette proposition, sans recourir aux algèbres enveloppantes : il suffit de reprendre la 2ème démonstration de (1.2.1) en remplaçant la bar-construction par la version graduée de la construction de Koszul. Cette dernière ne diffère de la construction classique (non graduée) que par l'introduction de signes dépendant des degrés conformément à la convention standard. On obtient immédiatement l'isomorphisme $QL \xrightarrow{\cong} \mathcal{H}_1(L;\underline{k})$ et la suite exacte (1.3.11). De plus, si KL désigne la construction de Koszul graduée sur L, on définit comme dans le cas classique (cf. Cartan.Eilenberg ch. XIII § 7) un morphisme (de coalgèbres différentielles):

$$f : KL \longrightarrow BUL$$

qui prolonge $\beta : L$ —— $\overline{UL}$ et induit en homologie l'isomorphisme

$$f_* : \mathcal{H}_*(L;\underline{k}) \xrightarrow{\sim} \mathrm{Tor}_*^{UL}(\underline{k},\underline{k})$$

on obtient ainsi un morphisme de suites exactes :

$$\begin{array}{ccccccccccc}
\mathcal{H}_2(L;\underline{k}) & \longrightarrow & \mathcal{H}_2(L'';\underline{k}) & \longrightarrow & Q_L L' & \longrightarrow & \mathcal{H}_1(L;\underline{k}) & \longrightarrow & \mathcal{H}_1(L'',\underline{k}) & \longrightarrow & 0 \\
\text{1.3.12)}\ \downarrow \wr & & \downarrow \wr & & \downarrow & & \downarrow \wr & & \downarrow \wr & & \\
\mathrm{Tor}_2^{UL}(\underline{k},\underline{k}) & \longrightarrow & \mathrm{Tor}_2^{UL''}(\underline{k},\underline{k}) & \longrightarrow & QJ & \longrightarrow & \mathrm{Tor}_1^{UL}(\underline{k},\underline{k}) & \longrightarrow & \mathrm{Tor}_1^{UL''}(\underline{k},\underline{k}) & \longrightarrow & 0
\end{array}$$

où $J = (Up)^{-1}(0) \subset UL$. L'isomorphisme $Q_L L' \xrightarrow{\sim} QJ$ (cf.1.3.6) résulte alors du "lemme des 5".

CHAPITRE 2 : HOMOLOGIE DES ALGEBRES DIFFERENTIELLES LIBRES

2.1 - La construction d'Adams-Hilton.

(2.1.1.1) Définition :

On dira qu'une algèbre différentielle connexe $\mathfrak{A}$ est libre si l'algèbre non différentielle $\mathfrak{A}^{\#}$ est libre.

Il existe donc un espace vectoriel gradué V, nul en degré zéro, tel que $\mathfrak{A}^{\#} \cong T(V)$. La différentielle de $\mathfrak{A}$ est alors entièrement déterminée par sa restriction à V.

Nous noterons $\mathrm{Tor}_{*}^{\mathfrak{A}}(.,.)$ le foncteur dérivé différentiel du produit tensoriel sur $\mathfrak{A}$, défini par S. Eilenberg et J. Moore in Sem. Cartan 59-60, Exposé 7, ou [10] . Rappelons que si $\mathbb{B}\mathfrak{A}$ désigne la bar-construction réduite de $\mathfrak{A}$, définie comme dans [10] , on a :

$$\mathrm{Tor}_{*}^{\mathfrak{A}}(\underline{k},\underline{k}) = H_{*}(\mathbb{B}\mathfrak{A})$$

pour toute algèbre différentielle (connexe, ou même supplémentée) $\mathfrak{A}$.

(2.1.2) Supposons l'algèbre différentielle connexe libre, avec $\mathfrak{A}^{\#} = T(V)$. L'isomorphisme

$$V = Q\mathfrak{A} = \bar{\mathfrak{A}}/\bar{\mathfrak{A}}.\bar{\mathfrak{A}}$$

munit V d'une différentielle naturelle $\bar{d}$, car $\bar{\mathfrak{A}}.\bar{\mathfrak{A}}$ est un sous-espace vectoriel différentiel de $\bar{\mathfrak{A}}$. Posons alors :

$$\hat{V} = \underline{k} \oplus s\,V$$

La différentielle d de V définit une différentielle sur $\hat{V}$, que nous notons $\bar{d}'$.

(Il n'est peut-être pas inutile de rappeler la convention standard par la suspension d'un module différentiel : si $(\mathcal{V},d)$ est un module différentiel, et $s : \mathcal{V} \xrightarrow{\cong} s\mathcal{V}$ l'isomorphisme de suspension (de degré +1), la différentielle d' sur $s\mathcal{V}$ est définie par : $d's + sd = 0$).

Dans ces conditions, on a la :

PROPOSITION (2.1.3).

Avec les notations précédentes, on a :

$$\mathrm{Tor}_{*}^{\mathfrak{A}}(\underline{k},\underline{k}) = H_{*}(\hat{V},\bar{d}')$$

PREUVE : Considérons $\mathbb{B}\mathfrak{A}$ comme un double complexe, avec

$$\mathbb{B}_{p,q}\mathfrak{A} = (\underbrace{\bar{\mathfrak{A}}\otimes\ldots\otimes\bar{\mathfrak{A}}}_{p \text{ fois}})_q$$

La suite spectrale associé à la première filtration n'est autre que la suite spectrale d'Eilenberg.Moore :

$$I^2_{p,q} = \mathrm{Tor}^{\mathfrak{A}}_{p,q}(\underline{k},\underline{k}) \Longrightarrow \mathrm{Tor}^{\mathfrak{A}}_{p+q}(\underline{k},\underline{k})$$

cependant que la suite spectrale correspondant à la seconde filtration vérifie :

$$II^1_{p,q} = \mathrm{Tor}^{\mathfrak{A}^\#}_{q,p}(\underline{k},\underline{k}) \Longrightarrow \mathrm{Tor}^{\mathfrak{A}}_{p+q}(\underline{k},\underline{k})$$

Dans le cas qui nous préoccupe, $\mathfrak{A}^\#$ est libre, donc :

$$II^1_{*,0} = \underline{k}$$

$$II^1_{*,1} = \mathrm{Tor}^{\mathfrak{A}^\#}_{1,*}(\underline{k},\underline{k}) = V$$

$$II^1_{*,p} = 0 \quad \text{si } p \neq 0,1$$

et par conséquent $II^2 = II^\infty = E^\circ\, \mathrm{Tor}^{\mathfrak{A}}_*(\underline{k},\underline{k})$. Or la différentielle d^1 dans la suite spectrale II^r est induite par la différentielle de $\mathfrak{A}$, et sa restriction à $II^1_{*,1} = V$ n'est autre que $\dot{d}$, d'où le résultat. ∎

(2.1.4) Nous allons à présent décrire une construction pour les algèbres libres plus maniable que la bar-construction.

Soit toujours $\mathfrak{A}$ une algèbre différentielle libre, avec $\mathfrak{A}^\# = T(V)$.

Posons :

$$(E\mathfrak{A})^\# = \mathfrak{A}^\# \otimes \hat{V}^\#$$

et munissons $(E\mathfrak{A})^\#$ de la structure de $\mathfrak{A}^\#$-module étendu. Nous allons définir une différentielle d sur $(E\mathfrak{A})^\#$ telle que $E\mathfrak{A} = ((E\mathfrak{A})^\#, d)$ soit une $\mathfrak{A}$-construction acyclique.

Définissons d'abord l'application $\underline{k}$-linéaire de degré (+1) :

$$S : E\mathfrak{A} \longrightarrow E\mathfrak{A}$$

par les formules :

(i) $\forall y \in \hat{V}^{\#}$, $S(1 \otimes y) = 0$

(ii) $\forall x \in V$, $S(x \otimes 1) = 1 \otimes s\,x$

(iii) $\forall a \in \mathfrak{A}^{\#}$ $\forall e \in E\mathfrak{A}^{\#}$, $\deg e > 0$

$S(a.e) = (-1)^{|a|}\, a.\,S(e)$

Nous définissons ensuite l'application $\underline{\underline{k}}$-linéaire d de degré -1 par les formules :

(iv) $\forall a \in \mathfrak{A}^{\#}$ $\forall e \in E\mathfrak{A}^{\#}$

$d(a.e) = (da).e + (-1)^{|a|}\, a.(de)$

(v) $d(1 \otimes sx) = x \otimes 1 - S(dx \otimes 1)$ $\forall x \in V$

(vi) $d(1 \otimes 1) = 0$

La formule (iv) exprime que d est une dérivation du $\mathfrak{A}^{\#}$-module $(E\mathfrak{A})^{\#}$. Il reste à vérifier que d est une différentielle et que $H(E\mathfrak{A}) = \underline{\underline{k}}$, ce qui sera une conséquence des lemmes suivants :

(2.1.5) <u>LEMME</u> : Pour tout élément $e \in (E\mathfrak{A})^{\#}$ de degré > 0, on a :

$(Sd + dS)e = e$

<u>PREUVE</u> : Soit $\overline{E\mathfrak{A}}$ l'ensemble des éléments de degré > 0 de $(E\mathfrak{A})^{\#}$, et $\overline{\overline{E\mathfrak{A}}}$ celui des élements invariants par l'application linéaire $Sd + dS$.
Comme $1 \otimes 1 \notin \overline{\overline{E\mathfrak{A}}}$ on a $\overline{\overline{E\mathfrak{A}}} \subset \overline{E\mathfrak{A}}$

Il est clair que $\overline{E\mathfrak{A}}$ est un sous-$\mathfrak{A}^{\#}$-module de $E\mathfrak{A}^{\#}$, et les formules (iii) et (iv) montrent qu'il en est de même de $\overline{\overline{E\mathfrak{A}}}$. De plus, d'après (ii) et (v) on a :

$\forall x \in V$, $x \otimes 1 \in \overline{\overline{E\mathfrak{A}}}$ et $1 \otimes s\,x \in \overline{\overline{E\mathfrak{A}}}$. Comme ces éléments engendrent le $\mathfrak{A}^{\#}$-module $\overline{E\mathfrak{A}}$, on en conclut que $\overline{\overline{E\mathfrak{A}}} = \overline{E\mathfrak{A}}$. ∎

<u>LEMME (2.1.6)</u> : $d^2 = 0$.

<u>PREUVE</u> : Comme d est une dérivation, il suffit de vérifier que $d^2(1 \otimes y) = 0$ $\forall y \in \hat{V}$. On a dejà $d(1 \otimes 1) = 0$, donc il suffit que $\forall x \in V$, $d^2(1 \otimes sx) = 0$.
Or, d'après (v) ;

$d^2(1 \otimes sx) = dx \otimes 1 - dS(dx \otimes 1)$ et le lemme précédent nous donne, compte tenu de ce que $dx \otimes 1 \in \overline{E\mathfrak{A}}$ (car $\mathfrak{A}$ est une algèbre différentielle augmentée) :

$dS(dx \otimes 1) = dx \otimes 1 - Sd(dx \otimes 1) = dx \otimes 1$. ∎

Nous avons donc montré que $E\mathfrak{A}$ est un $\mathfrak{A}$-module acyclique et $\mathfrak{A}^*$-projectif.
On a par conséquent :

(2.1.7) $$H_*(k \otimes_{\mathfrak{A}} E\mathfrak{A}) \cong \mathrm{Tor}_*^{\mathfrak{A}}(\underline{k}, E\mathfrak{A}) \xrightarrow[=]{\sim} \mathrm{Tor}_*^{\mathfrak{A}}(\underline{k}, \underline{k})$$

par des arguments désormais classiques (cf. Moore in Sem. Cartan, loc. cit., corollaire 2.1 et th. 2.3).

Une autre démonstration de (2.1.3) résulte alors du :

LEMME (2.1.8) :

L'isomorphisme canonique :

$$\underline{k} \otimes_{\mathfrak{A}^*} E\mathfrak{A}^* \xrightarrow{=} \hat{V}^*$$

est compatible avec les différentielles.

PREUVE : Notons $\tilde{d}$ la différentielle de $\underline{k} \otimes_{\mathfrak{A}} E\mathfrak{A} = E\mathfrak{A}/\bar{\mathfrak{A}}.E\mathfrak{A}$

D'après (v) on a : $\forall\, x \in V$, $d(1 \otimes sx) \equiv -S(dx \otimes 1) \bmod.(\bar{\mathfrak{A}}.\, E\mathfrak{A})$.

Comme $dx \in \bar{\mathfrak{A}}$ et $\mathfrak{A}^* = T(V)$, on peut poser

$dx = x' + y$ avec $x' \in V$ et $y \in \bar{\mathfrak{A}}.\bar{\mathfrak{A}}$, d'où :

$$d(1 \otimes sx) \equiv -1 \otimes sx' - S(y \otimes 1) \bmod.(\bar{\mathfrak{A}}.E\mathfrak{A})$$

mais d'après (iii) :

$$S(\bar{\mathfrak{A}}.\bar{\mathfrak{A}} \otimes 1) \subset \bar{\mathfrak{A}}.E\mathfrak{A}$$

et par conséquent :

$$\tilde{d}(1 \otimes sx) \equiv -1 \otimes sx'$$

or, la différentielle $\hat{d}$ est définie par l'isomorphisme $V = \bar{\mathfrak{A}}/\bar{\mathfrak{A}}.\bar{\mathfrak{A}}$, soit $\forall x \in V$, $\hat{d}x = x'$

et, compte tenu de $d's + sd = 0$, $\hat{d}'(sx) = -sx'$ d'où le résultat. ∎

REMARQUES :

(2.1.9) La construction $E\mathfrak{A}$ a été introduite par J.F. Adams et P. Hilton [1] les lemmes (2.1.5) et (2.1.6) sont empruntés presque textuellement à cet article. Pour cette raison, nous disons que la construction $E\mathfrak{A}$ est la construction d'Adams-Hilton sur l'algèbre différentielle libre $\mathfrak{A}$.

(2.1.10) La construction d'Adams-Hilton est naturelle au sens suivant : soit $\varphi : \mathfrak{A}' \longrightarrow \mathfrak{A}$ un morphisme d'algèbres différentielles libres, avec $\mathfrak{A}'^{\#} = T(V')$, $\mathfrak{A}^{\#} = T(V)$. Nous affecterons du signe ' les notions relatives à $\mathfrak{A}'$. On définit un morphisme de constructions :

$$\tilde{\varphi} : E\mathfrak{A}' \longrightarrow E\mathfrak{A}$$

par les conditions suivantes :

(a) le diagramme :

$$\begin{array}{ccc} \mathfrak{A}' \otimes E\mathfrak{A}' & \xrightarrow{\varphi \otimes \tilde{\varphi}} & \mathfrak{A} \otimes E\mathfrak{A} \\ \downarrow & & \downarrow \\ E\mathfrak{A}' & \xrightarrow{\tilde{\varphi}} & E\mathfrak{A} \end{array}$$

où les flèches verticales sont les morphismes de structure de module, est commutatif.

(b) $S \tilde{\varphi} = \tilde{\varphi} S'$

Il suffit d'ailleurs d'exiger (b) sur les éléments de la forme $1 \otimes sx'$, $\forall x' \in V'$, soit :

$$\tilde{\varphi}(1 \otimes sx') = S(\varphi x' \otimes 1)$$

On vérifie immédiatement que $\tilde{\varphi}$ est différentiel.

Si nous notons $j : \mathfrak{A} \longrightarrow E\mathfrak{A}$ l'injection (de $\mathfrak{A}$-modules) donnée par :

$$\forall a \in \mathfrak{A}, \ ja = a \otimes 1$$

et :

$$\pi : E\mathfrak{A} \longrightarrow \underline{k} \otimes_{\mathfrak{A}} E\mathfrak{A} = \hat{V}$$

la surjection canonique, qui est différentielle (2.1.8), le morphisme φ détermine le diagramme commutatif :

$$\begin{array}{ccccc} \mathfrak{A}' & \xrightarrow{j'} & E\mathfrak{A}' & \xrightarrow{\pi'} & \hat{V}' \\ \downarrow \varphi & & \downarrow \tilde{\varphi} & & \downarrow \bar{\varphi} \\ \mathfrak{A} & \xrightarrow{j} & E\mathfrak{A} & \xrightarrow{\pi} & \hat{V} \end{array}$$

avec $\bar{\varphi} = \underline{\underline{k}} \otimes_{\varphi} \tilde{\varphi}$, et le diagramme :

$$\begin{array}{ccc} H(\hat{V}') & \xrightarrow{H\bar{\varphi}} & H(\hat{V}) \\ \downarrow \cong & & \downarrow \cong \\ \mathrm{Tor}_*^{\mathfrak{A}'}(\underline{\underline{k}},\underline{\underline{k}}) & \xrightarrow{\mathrm{Tor}^{\varphi}} & \mathrm{Tor}_*^{\mathfrak{A}}(\underline{\underline{k}},\underline{\underline{k}}) \end{array}$$

est commutatif.

2.2 : Filtrations admissibles.

Dans ce §, $\mathfrak{A}$ désigne toujours une algèbre différentielle libre, avec $\mathfrak{A}^{\#} = T(V)$.

(2.2.0) Etant donné une filtration (positive, croissante) F_*V de V, on définit une filtration de $\hat{V}$ par

$$F_p\hat{V} = \underline{\underline{k}} \oplus s\,F_p\,V$$

et une filtration de la construction d'Adams-Hilton $E\mathfrak{A}$ par :

$$F_p\,E\mathfrak{A} = \pi^{-1}(F_p\,\hat{V})$$

(2.2.1) Définition :

Une filtration (positive, croissante) de V sera dite admissible si elle satisfait aux conditions suivantes :

(0) $F_oV = 0$

(i) $\forall\, p \geq 0 \quad \forall\, x \in F_{p+1}V,\ dx \in T(F_pV)$

(2.2.2) SORITE :

La filtration par les degrés de V est admissible. Toute filtration admissible est compatible avec la différentielle $\bar{d}$, et $T(F_pV)$ est une sous-algèbre différentielle de $\mathfrak{A}$.

La vérification est immédiate : notons qu'on a en fait $\bar{d}(F_pV) \subset F_{p-1}V$ pour une filtration admissible. On notera que $T(F_1V)$ est munie de la différentielle nulle. ∎

Considérons à présent la suite spectrale associée à la filtration $F_p\, E\mathfrak{A} = \pi^{-1}(F_p\hat{V})$. Le gradué associé à $F_* E\mathfrak{A}$ est donné par :

(2.2.3) $E^0_{p,q} = \bigoplus_{r+s=q} \mathfrak{A}_s \otimes E^0_{p,r}\, \hat{V}$

et cet isomorphisme est compatible avec les structures de $\mathfrak{A}^*$-module évidentes. A présent, pour une filtration admissible, on a :

$\forall x \in F_p\, V\ ,\ S(dx \otimes 1) \in F_{p-1}\, E\mathfrak{A}$

d'où, d'après (2.1.4) (v) :

$\forall y \in F_p\, \hat{V},\ d(1 \otimes y) \in F_{p-1}\ E\mathfrak{A}$

de sorte que la différentielle d° de la suite spectrale est donnée par :

(2.2.4) $\qquad d^\circ = d \otimes E^\circ\, \hat{V}$

Soit :

(2.2.5) $\qquad E^1_{p,*} \cong H\mathfrak{A} \otimes E^\circ\, \hat{V}$

De plus, (2.2.4) montre que (2.2.3) est un isomorphisme de $\mathfrak{A}$-modules différentiels, de sorte que (2.2.5) est un isomorphisme de $H\mathfrak{A}$-modules. On peut - au moins sur des exemples - expliciter la différentielle d^1 au moyen de la formule (2.1.4)(v). En particulier, pour p = 1, l'expression de d^1_1 est très simple : on a en effet $E^0_{0,*} = \underline{\underline{k}}$ et :

$$E^\circ_{1,q}\, \hat{V} = (s\, F_1\, V)_{q+1} = (F_1\, V)_q$$

ce qui permet d'identifier $E^\circ_{1,*}\, \hat{V}$ et $F_1\, V$.

Or, par définition d'une filtration admissible, $F_1\, V$ est contenu dans l'ensemble des cycles de $\mathfrak{A}$. Si nous notons $\bar{x}$ la classe dans $H\mathfrak{A}$ de $x \in F_1\, V$, la différentielle

$$d^1_1 : E^1_{1,*} = H\mathfrak{A} \otimes F_1\, V \longrightarrow E^1_{0,*} = H\mathfrak{A}$$

est donnée par :

(2.2.6) $\forall \bar{a} \in H\mathfrak{A}\ , \forall x \in F_1\, V,\ d^1_1(\bar{a} \otimes x) = \bar{a}.\bar{x}$

(2.2.7) Bien entendu, puisque nous avons supposé la filtration de V finie en chaque degré, il en est de même de celle de $E\mathfrak{A}$, et la suite spectrale converge vers $H(E\mathfrak{A}) = \underline{\underline{k}}$.

(2.2.8) Remarquons enfin que l'on a

$$d' F_p \hat{V} \subset F_{p-1} \hat{V}$$

de sorte que dans la suite spectrale associée à l'espace vectoriel différentiel filtré $(\hat{V}, d')$, on a :

$$E^{\circ}_{p,*} \hat{V} = E^{1}_{p,*} \hat{V}$$

Dans ces conditions, on montre facilement, toujours au moyen de la formule (2.1.4)(v), que

$$k \otimes_{H\mathfrak{A}} d_1^1 : E^{\circ}_{p,*} \hat{V} \longrightarrow E^{\circ}_{p-1,*} \hat{V}$$

s'identifie à la différentielle d'^1, induite par d', de cette dernière suite spectrale.

(2.2.9) Etant donné une algèbre différentielle libre, connexe, $\mathfrak{A}$, avec $\mathfrak{A}^{\#} = T(V)$, on peut définir une filtration admissible de V par récurrence comme suit :

$$F_o V = 0,$$

$$\forall p \geq 0,\ F_{p+1} V = \{x \in V \mid dx \in T(F_p V)\}$$

C'est la filtration de V la moins fine qui soit admissible.

(2.2.10) <u>Définition</u> : On dira que l'algèbre différentielle libre $\mathfrak{A}$, avec $\mathfrak{A}^* = T(V)$ est <u>de longueur n</u> si l'on a :

$$F_{n-1} V \neq F_n V = V$$

L'algèbre $\mathfrak{A}$ est de longueur ≤ 1 ssi sa différentielle est nulle. Nous allons maintenant étudier en détail les algèbres différentielles de longueur 2.

2.3 Algèbres différentielles libres de longueur 2.

(2.3.0) Dans ce paragraphe, nous considérons une algèbre différentielle libre $\mathcal{B}$, avec $\mathcal{B}^{\#} = T(U)$; et nous supposons que $\mathcal{B}$ est de longueur deux, c'est-à-dire que la filtration définie en (2.2.9) vérifie :

$$F_0 U = 0$$

$$F_1 U = \mathrm{Ker}\,(d : U \longrightarrow \mathcal{B}) = V$$

$$F_2 U = V$$

Nous poserons $W = d(U) \subset \mathcal{B}$. On a donc un isomorphisme canonique :

$$U/V \xrightarrow{\;=\;} s\,W$$

Par hypothèse, on a :

$$W = d(U) \subset T(V) \subset \mathcal{B}$$

Notons que $T(V)$ est une sous-algèbre différentielle de $\mathcal{B}$, et que la restriction de la différentielle d à $T(V)$ est nulle. Soit I l'idéal de $T(V)$ engendré par W, soit $A = T(V)/I$ et soit enfin $B = H_*(\mathcal{B})$. L'inclusion

$$i : T(V) \hookrightarrow \mathcal{B}$$

induit en homologie un morphisme d'algèbres connexes qui factorise à travers A :

$$\begin{array}{ccc} T(V) & \xrightarrow{\;i^*\;} & B \\ \downarrow & \nearrow_{\sigma} & \\ A = T(V)/I & & \end{array}$$

On définit ainsi un homomorphisme d'algèbres connexes

$$\sigma : A \longrightarrow B$$

(2.3.1) PROPOSITION :

Il existe un homomorphisme d'algèbres différentielles :

$$\rho : \mathcal{B} \longrightarrow T(V)/I = A$$

tel que $\rho_* : B \longrightarrow A$ soit un inverse à gauche de σ.

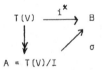

DEMONSTRATION :

Nous allons définir ρ en faisant apparaitre $\mathcal{B}$ comme somme amalgamée dans $\underline{\underline{k}}$ $\underline{\text{D Alg}}$.

Choisissons une section γ : $sW \longrightarrow U$ de la composée (de degré zéro) :

$$U \xrightarrow[(-1)]{d} W = d(U) \xrightarrow[+1]{\approx} sW$$

de sorte que l'on a l'isomorphisme :

$$\bar{\gamma} : V \oplus s\,W \xrightarrow{\approx} U$$

défini par $\bar{\gamma}(v,w) = v + \gamma(w)$

Considérons à présent le carré commutatif d'algèbres libres :

$$(*) \qquad \begin{array}{ccc} T(W) & \xrightarrow{q} & T(V) \\ \big\downarrow & & \big\downarrow i \\ T(W \oplus sW) & \xrightarrow{\hat{q}} & T(U) = \mathcal{B}^{\#} \end{array}$$

dans lequel les flèches verticales sont définies par les inclusions $W \hookrightarrow W \oplus sW$ et $V \hookrightarrow U$, la flèche   est définie par l'inclusion $W \hookrightarrow T(V)$, et la flèche q est définie par :

$$\hat{q}|W = q|W$$

$$\hat{q}|sW = \gamma : \quad sW \longrightarrow U \subset T(U)$$

On vérifie immédiatement que si l'on munit $T(W)$ et $T(V)$ de la différentielle nulle, $T(U)$ de la différentielle d de $\mathcal{B}$, et enfin $T(W \oplus s\,W)$ de la différentielle définie par :

$$d|W = 0 \qquad d|sW : sW \xrightarrow[-1]{=} W \hookrightarrow T(W \oplus sW)$$

alors tous les morphismes de ce carré sont différentiels.

(2.3.2) LEMME : Le carré $(*)$ est cocartésien dans $\underline{\underline{k}}$ $\underline{\text{D Alg}}$.

PREUVE : Il est clair qu'il suffit que le carré soit cocartésien dans $\underline{k}$ Alg, et que le carré :

$$(*')\qquad \begin{array}{ccc} T(W) & \xrightarrow{\;q\;} & T(V) \\ \downarrow & & \downarrow i' \\ T(W \oplus sW) & \xrightarrow{\;\check{q}\;} & T(V \oplus sW) \end{array}$$

où $\check{q}$ est défini par :

$$\check{q}|W = q|W$$

$$\check{q}|sW = id_{sW}$$

est cocartésien , or le morphisme :

$$\tilde{\gamma} : T(V \oplus sW) \longrightarrow {}^{-}(\mathfrak{V})$$

défini par $\bar{\gamma}$ est un isomorphisme, et vérifie :

$$\tilde{\gamma}.\,\check{q} = \hat{q} \quad \text{et} \quad \tilde{\gamma}.\,i' = i$$

d'où le lemme. ∎

(2.3.3) Nous définissons maintenant

$$p : \mathfrak{B} \longrightarrow A = T(V)/I$$

par le diagramme (de $\underline{k}$ DAlg).

$$(**)\qquad \begin{array}{ccccc} T(W) & \xrightarrow{\;q\;} & T(V) & & \\ \downarrow & & \downarrow i & \searrow p & \\ T(W \oplus sW) & \longrightarrow & \mathfrak{B} & \overset{\rho}{\dashrightarrow} & A \\ & \searrow_{\underline{k}} & & & \nearrow \end{array}$$

dans lequel p est l'épimorphisme canonique et $\underline{k}$ désigne la flèche nulle de $\underline{k}$ Alg (ou de $\underline{k}$ DAlg).

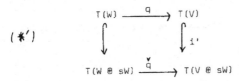

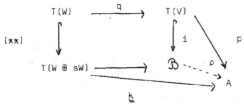

(2.3.4) LEMME :

On a :

$$H_*(T(W \oplus sW)) = \underline{k}$$

PREUVE : Par définition de la différentielle sur $T(W \oplus sW)$, le sous-espace $W \oplus sW$ est différentiel et vérifie $H(W \oplus sW) = 0$. Le lemme résulte alors facilement du théorème de Künneth. Plus généralement, si $\mathcal{V}$ est un espace vectoriel différentiel (nul en degré zéro), on a l'isomorphisme naturel :

$$T(H(\mathcal{V})) \xrightarrow{\cong} H(T(\mathcal{V})).$$

(2.3.5) Nous pouvons maintenant achever la démonstration de la proposition (2.3.1). Prenons l'homologie du diagramme (**) :

(***)

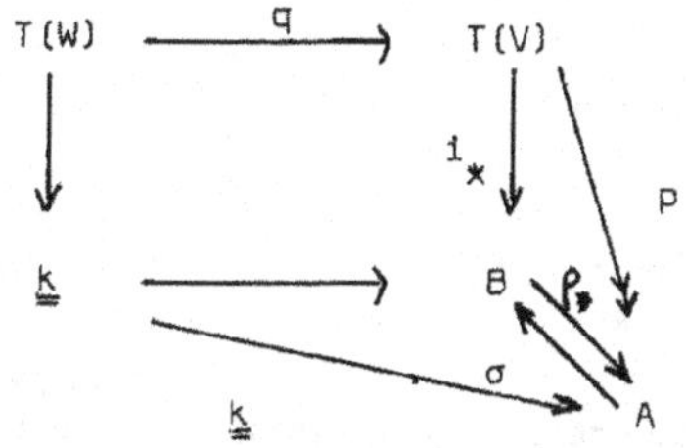

On a $\rho_* i_* = p$, mais par définition de σ on a $i_* = \sigma p$. Il vient donc

$$\rho_* . \sigma . p = p$$

et comme p est surjectif :

$$\rho_* . \sigma = id_A$$

On notera que le diagramme (***), le carré extérieur est cocartésien, car p est un conoyau de q. On retrouve ainsi la définition de σ.

(2.3.6) REMARQUE. La construction précédente a fait apparaître la présentation :

$$(S) \quad T(W) \xrightarrow{q} T(V) \xrightarrow{p} A \longrightarrow \underline{k}$$

Réciproquement, étant donné la présentation (S) d'une algèbre connexe, non différentielle A, on lui associera l'algèbre différentielle libre $\mathcal{B}(S)$, avec $\mathcal{B}(S)^{\#} = T(V \oplus sW)$ et la différentielle définie par le diagramme (*').

On dira que (S) est l'algèbre différentielle associée à la présentation (S). Nous avons en fait établi une équivalence entre la catégorie des présentations d'algèbres connexes (avec les morphismes évidents) et la sous-catégorie pleine de $\underline{\underline{k}}$ DAlg des algèbres de longueur 2.

(2.3.7) Nous nous proposons maintenant de préciser "l'excès" de B sur A. Notons que, comme l'homomorphisme d'algèbres σ admet un inverse à gauche ρ_* et que Q est un foncteur, l'application linéaire :

$$Q\sigma \;:\; QA \longrightarrow QB$$

fait apparaitre QA comme facteur direct de QB. Par suite, on peut completer tout système de générateurs de A en un système de générateurs de B. On sait que V engendre A. On est donc conduit à étudier l'espace vectoriel gradué :

$$\mathrm{Coker}\ Q_\sigma \cong \mathrm{Ker}\ Q\rho_*$$

Plus généralement, l'application linéaire

$$\mathrm{Tor}^\sigma_{p,*} \;:\; \mathrm{Tor}^A_{p,*}(\underline{\underline{k}},\underline{\underline{k}}) \longrightarrow \mathrm{Tor}^B_{p,*}(\underline{\underline{k}},\underline{\underline{k}})$$

admet un inverse à gauche $\mathrm{Tor}^\rho_{p,*}$. Posons :

$$\forall p \geq 0 \quad C_{p,*} = \mathrm{Coker}\ \mathrm{Tor}^\sigma_{p,*} \cong \mathrm{Ker}\ \mathrm{Tor}^{\rho*}_{p,*}$$

Nous pouvons maintenant énoncer l'un des résultats essentiels de ce travail.

(2.3.8) THEOREME :

Il existe un homomorphisme naturel d'espaces vectoriels bigradués : bigradués :

$$\vartheta_{*,*} \;:\; \mathrm{Tor}^A_{*,*}(\underline{\underline{k}},\underline{\underline{k}}) \longrightarrow C_{**}$$

de bidegré (-2,+1), tel que l'on ait : (i) Pour tout $p > 1$,

$$\vartheta_{p+2,q-1} \;:\; \mathrm{Tor}^A_{p+2,q-1}(\underline{\underline{k}},\underline{\underline{k}}) \xrightarrow{\cong} C_{p,q}$$

est un isomorphisme.

(ii) Pour $p = 1$, on a une suite exacte d'espaces vectoriels gradués :

$$0 \longrightarrow s\ \mathrm{Tor}^A_{3,*}(\underline{\underline{k}},\underline{\underline{k}}) \longrightarrow C_{1,*} \longrightarrow s\ \mathrm{Ker}\ \bar{q} \longrightarrow 0$$

où $\bar{q} \;:\; W \twoheadrightarrow Qi$ est la composée

$$W = d(U) \hookrightarrow I \twoheadrightarrow QI \quad \text{(cf. 1.1.7).}$$

La démonstration de ce théorème fait l'objet du paragraphe suivant. Notons dès à présent que si la présentation (S) est minimale, on a, pour tout $p \geq 1$:

$$C_{p,q} \cong \mathrm{Tor}^A_{p+2,q-1}(\underline{\underline{k}},\underline{\underline{k}})$$

2.4 Calcul de $C_{p,q}$

Nous conservons dans ce paragraphe les notations introduites aux paragraphes précédents. Soit $E\mathcal{B}$ la construction d'Adams-Hilton sur l'algèbre libre $\mathcal{B}$. La filtration F_*U détermine (cf. 2.2.0) une filtration $F_*E\mathcal{B}$ de $E\mathcal{B}$. La démonstration du théorème (2.3.8) va résulter de l'étude de la suite spectrale $(E^r_{p,q})$ associée à $F_*E\mathcal{B}$.

Remarquons d'abord que la filtration $F_*E\mathcal{B}$ n'a que trois termes distincts F_0, F_1, F_2. Dans cette situation, on a le résultat suivant :

(2.4.1) <u>LEMME</u> : Dans la suite spectrale $(E^r_{p,q})$, on a :

(i) $E^3_{*,*} = E_{**} = \underline{\underline{k}}$

et les suites :

(ii) $$0 \longrightarrow E^2_{2,*} \longrightarrow E^1_{2,*} \xrightarrow{d^1_2} E^1_{1,*} \xrightarrow{d^1_1} E^1_{0,*} \longrightarrow E^2_{0,*} \longrightarrow 0$$

(iii) $$0 \longrightarrow E^2_{2,*} \xrightarrow{d^2_2} E^2_{0,*} \longrightarrow E^3_{0,*} \longrightarrow 0, \qquad E^3_{0,*} = \underline{\underline{k}}$$

<u>PREUVE</u> : Par hypothèse on a :

$E^0_{p,*} = 0$ si $p < 0$ ou si $p > 2$, de sorte que $d^r = 0$ pour r 2.
Il s'ensuit que $E^3 = E^\infty$, et comme $E\mathcal{B}$ est acyclique, on a $E^\infty = \underline{\underline{k}}$ d'où (i).
Les différentielles d^2_3 et d^2_1 sont nulles, ce qui entraîne $E^2_{1,*} = E^3_{1,*}$. Or, d'après (i) on a $E^3_{1,*} = 0$, d'où l'exactitude de (ii). L'exactitude de (iii) est évidente. On notera que d^2_2 est de degré (complémentaire) +1.

(2.4.2) Explicitons maintenant les termes E^1 de la suite spectrale E^r. Rappelons d'abord que $\mathcal{B}^\# = T(U)$, et que la construction d'Adams-Hilton vérifie par définition :

$$E\mathcal{B}^\# = T(U) \otimes \hat{U}$$

$$\text{où } \hat{U} = \underline{\underline{k}} \oplus s\,U$$

Le gradué associé à la filtration de $\hat{U}$ (2.2.0) est déterminé par les isomorphismes canoniques, de degré zéro :

$$\text{(a)}\qquad \begin{cases} E^{o}_{o,*}\ \hat{U} = \underline{k} \\ E^{o}_{1,*}\ \hat{U} = V \\ E^{o}_{2,*}\ \hat{U} = W \qquad \text{(cf. 2.3.0)} \end{cases}$$

Par suite, d'après (2.2.5), le terme E^1 de la suite spectrale est donné par :

$$\text{(b)}\qquad \begin{cases} E^{1}_{o,*} = B \otimes \underline{k} = B \\ E^{1}_{1,*} = B \otimes V \\ E^{1}_{2,*} = B \otimes W \end{cases}$$

isomorphismes canoniques de B-modules à gauche.

(2.4.3) Explicitons de même la différentielle d^1. On sait que d^1_1 et d^1_2 sont B-linéaires ; la différentielle d^1_1 est déterminée par : (cf. 2.2.6).

(c) $\forall\ v \in V,\ d^1_1(1 \otimes v) = i_* v = \sigma p\ v \in B$

Soit $w = du$ un élément arbitraire de W, et calculons de même $d^1_2(1 \otimes w)$. Comme $\mathcal{B}$ est de longueur 2, on a

$$w = du \in \overline{T(V)} = T(V) \otimes V$$

et nous poserons donc :

$$w = \Sigma\ \alpha_i \otimes v_i \quad \text{avec} \quad \alpha_i \in T(V),\ v_i \in V$$

Dans la construction $E\mathcal{B}$, on a alors, en notant $\hat{u} \in \hat{U} = \underline{k} \oplus sU$ l'image de $u \in U$ par l'isomorphisme de suspension (de degré +1) :

$$d(1 \otimes \hat{u}) = u \otimes 1 - S(du \otimes 1)$$

$$= u \otimes 1 - \Sigma(-1)^{\deg \alpha_i}\ \alpha_i \otimes \hat{v}_i$$

Posons $\alpha_i = p\,\alpha_i \in A$. La classe du cycle α_i de $\mathcal{B}$ dans $B = H\mathcal{B}$ est donc

$$i_*(\alpha_i) = \sigma\ a_i$$

et compte tenu de l'isomorphisme de suspension, la différentielle d_2^1 évaluée sur $1 \otimes w$ avec $w = du$ nous donne :

(d) $$d_2^1(1 \otimes w) = - \Sigma(\sigma a_i) \otimes v_i$$

(2.4.4.) Nous avons remarqué plus haut (1.2.10) qu'on peut associer à la présentation (S) une suite exacte de A-modules :

$$A \otimes W \xrightarrow{d''} A \otimes V \xrightarrow{d'} A \longrightarrow \underline{k}$$

Les formules (2.4.3 c et d) montrent immédiatement que le diagramme :

(e) $$\begin{array}{ccccccc} A \otimes W & \xrightarrow{-d''} & A \otimes V & \xrightarrow{d'} & A & \longrightarrow & \underline{\underline{k}} \\ \downarrow{\scriptstyle \sigma \otimes W} & & \downarrow{\scriptstyle \sigma \otimes V} & & \downarrow{\scriptstyle \sigma} & & \\ B \otimes W & \xrightarrow{d_2^1} & B \otimes V & \xrightarrow{d_1^1} & B & & \end{array}$$

commute. L'homomorphisme σ permet de considérer B comme un A-module à droite, et le diagramme (e) se traduit par :

$$d_1^1 = B \otimes_A d' \qquad d_2^1 = - B \otimes_A d''$$

et comme Coker $d' = \underline{k}$, nous obtenons :

(f) $$E^2_{o,*} = \text{Coker } d_1^1 = B \otimes_A \underline{k}$$

(2.4.5) Nous rappelons maintenant un point d'algèbre homologique élémentaire. A l'homomorphisme d'algèbres $\sigma : A \longrightarrow B$ on peut associer le "changement d'anneaux" :

$$c : \text{Tor}^A_{**}(\underline{k},\underline{k}) \longrightarrow \text{Tor}^B_{**}(\underline{k}, B \otimes_A \underline{k})$$

Cette application peut être définie comme suit (cf. [3] , ch VI § 4) : soit $P_* \longrightarrow \underline{k}$ une résolution A-projective de $\underline{k}$. Alors $B \otimes_A P_* \longrightarrow B \otimes_A \underline{k}$ est un complexe B-projectif au dessus de $B \otimes_A \underline{k}$. Si $Q_* \longrightarrow B \otimes_A \underline{k}$ est une résolution B-projective arbitraire de $B \otimes_A \underline{k}$, le morphisme de complexes, unique à homotopie près :

$$\begin{array}{ccc} B \otimes_A P_* & \longrightarrow & B \otimes_A \underline{k} \\ \downarrow & & \| \\ Q_* & \longrightarrow & B \otimes_A \underline{k} \end{array}$$

qui relève l'identité, induit en homologie après application du foncteur $\underline{k} \otimes_B .$, le changement d'anneau c. Si B est A-plat, le complexe $B \otimes_A P_*$ est acyclique : c'est donc une résolution de $B \otimes_A \underline{k}$ et par conséquent, le changement d'anneau c est un <u>isomorphisme</u>.

Nous pouvons maintenant aborder la démonstration proprement dite du théorème (2.3.8). Nous en exposons les étapes successives sous forme de lemmes.

(2.4.6) <u>LEMME</u>. B est un A-module libre (pour la structure (à droite) définie par σ).

La démonstration de ce lemme est superflue en vue des applications géométriques : en effet, dans ce cas σ sera un morphisme injectif d'algèbres <u>de Hopf</u>, et il est bien connu que ceci suffit à assurer que B est A-libre ([9] prop. 4.7). Nous rejetons donc cette démonstration en appendice à la fin de ce paragraphe.

Il résulte donc du lemme (2.4.6) que le changement d'anneau est un isomorphisme.

(2.4.7) <u>LEMME</u>. On a un isomorphisme naturel :

$$\forall p \geq 1 \quad \forall q \geq 0 \quad C_{p,q} \xrightarrow{\sim} \mathrm{Tor}^B_{p-1,q-1}(\underline{k}, E^2_{2,*})$$

<u>PREUVE</u>. La suite exacte (iii) du lemme (2.4.1) peut s'écrire, compte tenu de (2.4.4 f) :

$$0 \longrightarrow s\, E^2_{2,*} \xrightarrow{"d^2_2"} B \otimes_A \underline{k} \xrightarrow{\varepsilon} \underline{k} \longrightarrow 0$$

Le morphisme "d^2_2" est cette fois de degré zéro, et ε est l'augmentation, ou si l'on veut $\varepsilon = B \otimes_\sigma \underline{k}$. Considérons la suite exacte longue des foncteurs $\mathrm{Tor}^B_{p,*}(\underline{k},.)$ appliqués à cette suite : il y figure le morphisme $\mathrm{Tor}^B_{p,*}(\underline{k},\varepsilon)$. D'après ([3] , ch. VI prop. 4.4), le triangle :

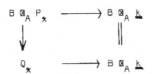

$$\begin{array}{ccc}
\mathrm{Tor}^{A}_{*,*}(\underline{k},\underline{k}) & \xrightarrow{\;c\;} & \mathrm{Tor}^{B}_{*,*}(\underline{k},\, B \otimes_A \underline{k}) \\
& \searrow^{\mathrm{Tor}^{\sigma}_{*,*}(\underline{k},\underline{k})} & \Big\downarrow {\scriptstyle \mathrm{Tor}^{B}_{*,*}(\underline{k},\varepsilon)} \\
& & \mathrm{Tor}^{B}_{*,*}(\underline{k},\underline{k})
\end{array}$$

est commutatif. Le lemme précédent montre que c est un isomorphisme.
On a donc :

$$C_{p,q} = \mathrm{Coker}\ \mathrm{Tor}^{\sigma}_{p,q}(\underline{k},\underline{k}) \xrightarrow{\;\simeq\;} \mathrm{Coker}\ \mathrm{Tor}^{B}_{p,q}(\underline{k},\varepsilon)$$

et comme $\mathrm{Tor}^{\sigma}_{p,q}(\underline{k},\underline{k})$ est injectif, la suite exacte longue se découpe en suites exactes courtes :

$$0 \longrightarrow \mathrm{Tor}^{B}_{p,q}(\underline{k},B \otimes_A \underline{k}) \xrightarrow{\;\mathrm{Tor}^{B}(\underline{k},\varepsilon)\;} \mathrm{Tor}^{B}_{p,q}(\underline{k},\underline{k}) \longrightarrow \mathrm{Tor}^{B}_{p-1,q}(\underline{k}, s\, E^2_2) \longrightarrow 0$$

On obtient donc :

$$C_{p,q} \simeq \mathrm{Coker}\ \mathrm{Tor}^{B}_{p,q}(\underline{k},\varepsilon) \simeq \mathrm{Tor}^{B}_{p-1,q}(\underline{k}, s\, E^2_{2,*}) = \mathrm{Tor}^{B}_{p-1,q-1}(\underline{k},E^2_{2,*})$$ ∎

(2.4.8) Démonstration de (2.3.8.i).

Nous considérons à présent la suite exacte (ii) du lemme (2.4.1) ; compte tenu des calculs ci-dessus, cette suite peut s'écrire :

$$\text{(ii')} \quad 0 \longrightarrow E^2_{2,*} \longrightarrow B \otimes W \xrightarrow{\;d^1_2\;} B \otimes V \xrightarrow{\;d^1_1\;} B \longrightarrow B \otimes_A \underline{k} \longrightarrow 0$$

comme les trois termes du milieu sont B-projectifs, le "bord itéré"

$$\mathrm{Tor}^{B}_{p+3,*}(\underline{k},\, B \otimes_A \underline{k}) \longrightarrow \mathrm{Tor}^{B}_{p,*}(\underline{k},\, E^2_{2,*})$$

est un isomorphisme pour $p \geq 1$ ([3] ch. XI § 9).
En utilisant le lemme (2.4.7) et une nouvelle fois l'isomorphisme de changement d'anneau, il vient :

$$\forall p \geq 1, \quad \begin{array}{ccc}
\mathrm{Tor}^{A}_{p+2,q-1}(\underline{k},\underline{k}) & & C_{p,q} \\
\simeq \Big\downarrow {\scriptstyle c_{p+2,q-1}} & & \Big\downarrow \simeq \\
\mathrm{Tor}^{B}_{p+2,q-1}(k,\, B \otimes_A \underline{k}) & \xrightarrow{\;\simeq\;} & \mathrm{Tor}^{B}_{p-1,q-1}(\underline{k},\, E^2_{2,*})
\end{array}$$

et les trois isomorphismes sont naturels. ∎

(2.4.9) Démonstration de (2.3.8. ii).

La suite (ii') est un début de résolution B-projective de $B \otimes_A \underline{k}$. On a donc la suite exacte :

$$0 \longrightarrow \mathrm{Tor}^B_{3,*}(\underline{k}, B \otimes_A \underline{k}) \longrightarrow \underline{k} \otimes_B E^2_{2,*} \longrightarrow W$$

soit, compte tenu de l'isomorphisme de changement d'anneau et de (2.4.7).

$$0 \longrightarrow \mathrm{Tor}^A_{3,*}(\underline{k},\underline{k}) \longrightarrow s^{-1}\, C_{1,*} \longrightarrow W$$

Posons :

$$W' = \mathrm{Ker}(\underline{k} \otimes_B d^1_2) = \mathrm{Ker}\,(Qq : W \longrightarrow V)$$
$$W'' = \mathrm{Im}\,(\underline{k} \otimes_B E^2_{2,*} \longrightarrow W)$$

l'exactitude de (ii') montre que $W'' \subset W'$, et que :

$$W''/W' \cong \mathrm{Tor}^B_{2,*}(\underline{k}, B \otimes_A \underline{k}) \overset{\cong}{\underset{c_2}{\longleftarrow}} \mathrm{Tor}^A_{2,*}(\underline{k},\underline{k})$$

et l'on a la suite exacte :

$$\forall q \geq 1 \quad 0 \longrightarrow \mathrm{Tor}^A_{3,q-1}(\underline{k},\underline{k}) \longrightarrow C_{1,q} \longrightarrow W''_{q-1} \longrightarrow 0$$

La démonstration du théorème sera achevée si nous établissons l'isomorphisme :

$$W'' \xrightarrow{\ \sim\ } \mathrm{Ker}(\bar{q} : W \longrightarrow QI)$$

or, ceci résulte de la contemplation du diagramme :

$$\text{(g)} \qquad \begin{array}{ccccccccc}
 & & 0 & & 0 & & & & \\
 & & \downarrow & & \downarrow & & & & \\
0 & \longrightarrow & W'' & \longrightarrow & \mathrm{Ker}\,\bar{q} & \longrightarrow & 0 & & \\
 & & \downarrow & & \downarrow & & \downarrow & & \\
0 & \longrightarrow & W' & \longrightarrow & W & \xrightarrow{Q_q} & V & & \\
 & & \downarrow & & \downarrow & & \downarrow = & & \\
0 & \longrightarrow & \mathrm{Tor}^A_2(\underline{k},\underline{k}) & \xrightarrow{\partial} & QI & \longrightarrow & V & \xrightarrow{Q_p} & QA \longrightarrow 0 \\
 & & \downarrow & & \downarrow & & \downarrow & & \\
 & & 0 & & 0 & & 0 & &
\end{array}$$

dans lequel l'exactitude de la suite horizontale du bas résulte du théorème (1.2.1).

La démonstration du théorème (2.3.8) est donc complète. ∎

APPENDICE : Démonstration du lemme (2.4.6).

Elle résulte d'un lemme général sur les "changements d'anneaux" pour les algèbres connexes, analogues au lemme (1.2.3).

(2.4.10). LEMME. Soit $f : A \longrightarrow B$ une homomorphisme quelconque de $\underline{k}$-Algèbres graduées connexes. Les propositions suivantes sont équivalentes :

(α) B est un A-module (à droite) libre, pour l'action définie par f.

(β) L'homomorphisme de changement d'anneau

$$c_1 : \mathrm{Tor}^A_{1,*}(\underline{k},\underline{k}) \longrightarrow \mathrm{Tor}^B_{1,*}(\underline{k}, B \otimes_A \underline{k})$$

est bijectif, et l'homomorphisme de changement d'anneau

$$c_2 : \mathrm{Tor}^A_{2,*}(\underline{k},\underline{k}) \longrightarrow \mathrm{Tor}^B_{2,*}(\underline{k}, B \otimes_A \underline{k})$$

est surjectif.

PREUVE. Nous avons déjà rappelé la démonstration de (α)⟹(β), valable pour des anneaux quelconques. La réciproque fait évidemment appel à la connexité. On sait que le changement d'anneau s'identifie à un coin de la suite spectrale du morphisme f :

$$E^2_{p,q,*} = \mathrm{Tor}^B_{p,*}(\underline{k}, \mathrm{Tor}^A_{q,*}(B,\underline{k})) \Longrightarrow \mathrm{Tor}^A_{p+q,*}(\underline{k},\underline{k})$$

La suite exacte des termes de bas degré est :

$$\mathrm{Tor}^A_{2,*}(\underline{k},\underline{k}) \xrightarrow{c_2} \mathrm{Tor}^B_{2,*}(\underline{k}, B \otimes_A \underline{k}) \xrightarrow{d^2} \underline{k} \otimes_B \mathrm{Tor}^A_1(B,\underline{k})$$

$$\longrightarrow \mathrm{Tor}^A_1(\underline{k},\underline{k}) \xrightarrow{c_1} \mathrm{Tor}^B_1(\underline{k}, B \otimes_A \underline{k}) \longrightarrow 0$$

L'hypothèse (β) entraîne alors $\underline{k} \otimes_B \mathrm{Tor}^A_1(B,\underline{k}) = 0$, d'où $\mathrm{Tor}^A_1(B,\underline{k}) = 0$ (1.0.1). La conclusion (α) résulte alors de la connexité de A (Appendice A.1)

(2.4.11) Il reste donc à vérifier la condition (β) pour le morphisme $\sigma : A \longrightarrow B$. Or, ceci résulte immédiatement de l'exactitude des lignes du diagramme (2.4.4. e) et de la définition des changements d'anneau. ■

2.5 Quelques remarques et exemples.

(2.5.1). Le théorème (2.3.8) fournit des informations sur le nombre de générateurs et de relations d'une présentation minimale de l'homologie B d'une algèbre différentielle libre $\mathcal{B}$ de longueur 2. En utilisant toujours les notations des paragraphes précédents, l'assertion (ii) du théorème (2.3.8) fournit l'isomorphisme non canonique :

$$QB \cong QA \oplus s\, \mathrm{Tor}^{A}_{3,*}(\underline{k},\underline{k}) \oplus s\, \mathrm{Ker}\, \bar{q}$$

Rappelons que A est le quotient de T(V) par l'idéal I engendré par W, et que $\bar{q}$ est la surjection $W \longrightarrow QI$ considérée en (1.1.7). On peut donc interprèter le facteur $s\, \mathrm{Ker}\, \bar{q}$ de la façon suivante : toute "relation surabondante" dans la présentation

$$(S) \; : \; T(W) \xrightarrow{\;q\;} T(V) \longrightarrow A \longrightarrow \underline{k}$$

de A associée à $\mathcal{B}$, se traduit par l'apparition d'un générateur supplémentaire de B.

(2.5.2). On peut montrer que ces générateurs "surnuméraires" ne sont liés par aucune relation dans B. Voici comment : choisissons une section $t \; : \; QI \longrightarrow W$ de la surjection $\bar{q}$, et soit q' la composée :

$$q' = q_{o}\, T(t) \; : \; T(QI) \xrightarrow{\;T(t)\;} T(W) \xrightarrow{\;q\;} T(V)$$

O obtient le morphisme de présentations :

$$\begin{array}{lccccccc}
(S') & T(QI) & \xrightarrow{\;q'\;} & T(V) & \xrightarrow{\;p\;} & A & \longrightarrow & \underline{k} \\
 & \big\downarrow T(t) & & \big\| & & \big\| & & \\
(S) & T(W) & \xrightarrow{\;q\;} & T(V) & \xrightarrow{\;p\;} & A & \longrightarrow & \underline{k}
\end{array}$$

Considérons les algèbres libres associées à (S') et (S) (2.3.6). On obtient le morphisme d'algèbres différentielles libres :

$$\varphi : \mathcal{B}(S') \longrightarrow \mathcal{B}(S) \xrightarrow{\;\cong\;} \mathcal{B}$$

Si nous affectons d'un ' les notions relatives à $\mathcal{B}(S')$, on a le diagramme commutatif d'algèbres différentielles :

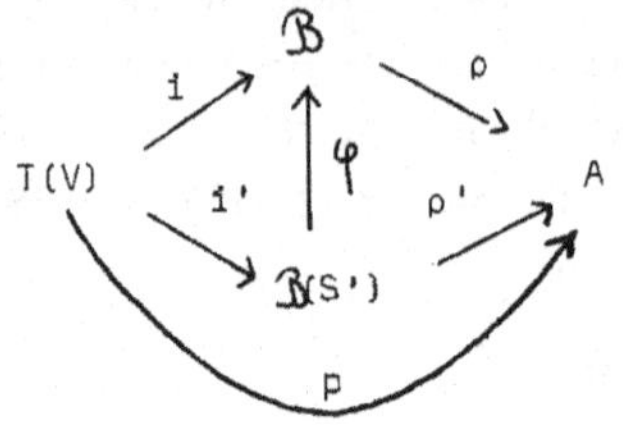

d'où l'on déduit $\sigma = \varphi_* \sigma'$. Il résulte alors de la naturalité des isomorphismes du théorème (2.3.8) que l'on a :

$$\forall p \geq 2 \quad \mathrm{Tor}^{\varphi_*}_{p,*} \; : \; \mathrm{Tor}^{B(S')}_{p,*}(\underline{\underline{k}},\underline{\underline{k}}) \xrightarrow{\;\simeq\;} \mathrm{Tor}^{B}_{p,*}(\underline{\underline{k}},\underline{\underline{k}})$$

et la suite exacte :

$$0 \longrightarrow QB(S') \longrightarrow QB \longrightarrow s \;\mathrm{Ker}\; \bar{q} \longrightarrow 0$$

soit enfin $\zeta : s \;\mathrm{Ker}\; \bar{q} \longrightarrow \bar{B}$ la composée d'une section de $QB \twoheadrightarrow s \;\mathrm{ker}\; \bar{q}$ et d'une section de $\bar{B} \twoheadrightarrow QB$. Le morphisme d'algèbres connexes, non différentielles :

$$(\varphi_*,\tilde{\zeta}) \quad : \quad B' \amalg T(s \;\mathrm{Ker}\; \bar{q}) \longrightarrow B$$

induit alors un isomorphisme sur les $\mathrm{Tor}_p(\underline{\underline{k}},\underline{\underline{k}})$ pour tout p. C'est donc un isomorphisme de $\underline{k}$ $\underline{\mathrm{Alg}}$ (cf. 1.2.3). ■

(2.5.3). Nous interpréterons plus loin les générateurs correspondants au facteur $s \;\mathrm{Tor}^A_3(\underline{\underline{k}},\underline{\underline{k}})$ en termes de "produits de Massey". Notons dès à présent que le théorème (2.3.8) permet de déterminer complètement la structure de l'algèbre B à isomorphisme près, lorsque gl. dim $A \leq 3$.

En effet, si gl. dim $A \leq 2$, ce qui revient à dire que $\mathrm{Tor}^A_{3,*}(\underline{\underline{k}},\underline{\underline{k}}) = 0$ puisque A est connexe (Appendice A.1.6), on a $C_{p,*} = 0$ pour $p \geq 2$ d'après (2.3.8 i), et on vérifie comme précédemment que :

$$(\sigma,\bar{\zeta}) \quad : \quad A \amalg T(s \;\mathrm{Ker}\; \bar{q}) \xrightarrow{\;\simeq\;} B$$

est un isomorphisme.

Si $\mathrm{Tor}^A_{4,*}(\underline{\underline{k}},\underline{\underline{k}}) = 0$, on a encore $C_{p,*} = 0$ pour $p = 2$. En choisissant encore une section appropriée, on construit un isomorphisme d'algèbres :

$$A \amalg T(s\,\mathrm{Tor}^{A}_{3,*}(\underline{\underline{k}},\underline{\underline{k}}) \amalg T(s\,\mathrm{Ker}\,\bar{q}) \longrightarrow B$$

dont la composée avec l'injection canonique de A dans le coproduit est σ .

(2.5.4) Exemples.

A titre d'illustration des considérations qui précédent, nous allons calculer l'homologie de l'algèbre différentielle libre $\mathcal{B}$ définie comme suit :

$$\begin{cases} \mathcal{B}^{\#} = T(x,y) & |x| = n > 0 \\ & |y| = 2n+1 \\ dx = 0 & \\ dy = x^2 & \end{cases}$$

Conformément aux notations générales, on désignera par U l'espace vectoriel gradué librement engendré par x,y, autrement dit :

$$U = s^n \underline{\underline{k}} \oplus s^{2n+1}\,\underline{\underline{k}}$$

On vérifie immédiatement que $\mathcal{B}$ est de longueur deux : toujours avec les notations générales, les espaces vectoriels V et W admettent pour bases respectives les éléments x et x^2, de degrés respectifs n et 2n. La présentation (S) est donc :

$$T(x^2) \xrightarrow{\;q\;} T(x) \xrightarrow{\;p\;} A \longrightarrow \underline{\underline{k}}$$

d'où l'isomorphisme canonique :

$$A = E(x)$$

où E(x) désigne l'algèbre extérieure graduée sur un générateur x de degré n.

Calculons d'abord $\mathrm{Tor}^{E(x)}_{**}(\underline{\underline{k}},\underline{\underline{k}})$; la différentielle de la bar-construction $\mathbb{B}E(x)$ est nulle, et par conséquent :

$$E^{0}_{**}\,\mathbb{B}\,E(x) = \mathrm{Tor}^{E(x)}_{**}(\underline{\underline{k}},\underline{\underline{k}})$$

est isomorphe à l'algèbre (bigraduée) libre sur un générateur de bidegré (1,n). On a donc :

$$\forall p \geq 0 \qquad \mathrm{Tor}^{E(x)}_{p,*}(\underline{\underline{k}},\underline{\underline{k}}) = s^{pn}\,\underline{\underline{k}}$$

on en déduit immédiatement (1.1.10) que (S) est minimale.

Si b est un cycle de $\mathcal{B}$, nous noterons $\bar{b}$ sa classe dans $B = H\mathcal{B}$. Le morphisme différentiel

$$\rho : \longrightarrow A = E(x)$$

est alors défini par

$$\rho x = x \qquad \rho y = 0$$

et le morphisme (non différentiel) injectif :

$$\sigma : A \longrightarrow B$$

est défini par $\sigma x = \bar{x}$.

Considérons l'élément de degré 3n + 1 :

$$\omega = xy - (-1)^n y x \in \mathcal{B}$$

On a :

$$d\omega = (-1)^n x^3 - (-1)^n x^3 = 0$$

et une inspection rapide montre que ω n'est pas un bord, et que $\bar{\omega}$ n'est pas décomposable dans $B = H\mathcal{B}$. Comme $\rho_* \bar{\omega} = 0$, l'image de $\bar{\omega}$ dans QB engendre $\operatorname{Ker} \rho_* \cong s \operatorname{Tor}^{E(x)}_{3,*}(\underline{k},\underline{k})$ qui est de dimension 1 en degré 3n + 1.

Il résulte alors du théorème (2.3.8) et de (1.1.3) que $\{\bar{x},\bar{\omega}\}$ est un système minimal de générateurs pour B. De même, l'isomorphisme :

$$\operatorname{Tor}^B_{2,*}(\underline{k},\underline{k}) \cong \operatorname{Tor}^{E(x)}_{2,*}(\underline{k},\underline{k}) \oplus s \operatorname{Tor}^{E(x)}_{4,x}(\underline{k},\underline{k})$$

montre qu'un système minimal de relations entre $\bar{x}$ et $\bar{\omega}$ ne comporte, en plus de $\bar{x}^2 = 0$, qu'une seule relation de degré 4n + 1. Or

$$dy^2 = x.\omega + (-1)^n \omega.x$$

soit, dans B :

$$0 = \bar{x}.\bar{\omega} + (-1)^n \bar{\omega}.\bar{x}$$

qui est la relation cherchée.

Si n est impair, le lecteur définira sans peine un morphisme d'algèbres :

$$E(\bar{x}) \otimes T(\bar{\omega}) \longrightarrow B$$

qui induit un isomorphisme sur Tor_1 et Tor_2, et qui est donc un isomorphisme d'après (1.2.3). Ceci achève dans ce cas la détermination de B à isomorphisme d'algèbres près. Nous verrons plus loin une interprétation géométrique de ce résultat.

(2.5.5) Remarquons enfin, pour illustrer les considérations de (2.5.1), que si nous considérons l'algèbre $\mathfrak{B}''$ définie par

$$\begin{cases} \mathfrak{B}'' = T(x,y,z) \\ dx = 0 \\ dy = x^2 \qquad dz = x^3 \end{cases}$$

l'algèbre A associée est encore E(x). Mais cette fois, la présentation associée n'est plus minimale : W est engendré par x^2, x^3 et $\mathrm{Ker}(\bar{q} : W \longrightarrow I)$ est engendré par x^3. On vérifie alors que l'élément $z - yx$ est un cycle, dont la classe est un élément non décomposable de QB" : ce dernier engendre donc le facteur s Ker $\bar{q}$. D'après (2.5.1), on a alors l'isomorphisme,

$$H\mathfrak{B}'' = B'' = (E(\bar{x}) \boxtimes T(\bar{\omega})) \amalg T(\overline{z - yx})$$

si n est impair. Notons qu'on aurait pu choisir $z - (-1)^n\, x\, y$ au lieu de $z - yx$.

2.6 Suite spectrale d'Eilenberg-Moore pour les algèbres libres de longueur 2.

Etant donné une algèbre libre différentielle $\mathcal{B}$, de longueur 2, nous nous proposons de décrire la suite spectrale du Tor différentiel :

$$E^2_{p,q} = \mathrm{Tor}^B_{p,q}(\underline{k},\underline{k}) \Longrightarrow \mathrm{Tor}^{\mathcal{B}}_{p+q}(\underline{k},\underline{k}) = H_{p+q}(\mathbb{B}\mathcal{B})$$

dont nous avons rappelé la définition en (2.1.3). Nous continuons d'utiliser les notations introduites dans les paragraphes précédents.

(2.6.1) LEMME.

La différentielle :

$$d^2_{p+2,q-1} \; : \; \mathrm{Tor}^B_{p+2,q-1}(\underline{k},\underline{k}) \longrightarrow \mathrm{Tor}^B_{p,q}(\underline{k},\underline{k})$$

vérifie :

$$\mathrm{Im}\, d^2_{p+2,q-1} \subset C_{p,q} = \mathrm{Ker}\, \mathrm{Tor}^{\rho_*}_{p,q}(\underline{k},\underline{k})$$

PREUVE : Le morphisme différentiel

$$\rho \; : \; \mathcal{B} \longrightarrow A$$

induit un morphisme de suites spectrales d'Eilenberg-Moore ; comme celle relative à A est triviale, le lemme résulte de la commutativité du carré :

$$\begin{array}{ccc}
\mathrm{Tor}^B_{p+2,q-1}(\underline{k},\underline{k}) & \xrightarrow{\mathrm{Tor}^{\rho_*}} & \mathrm{Tor}^A_{p+2,q-1}(\underline{k},\underline{k}) \\
\Big\downarrow d^2_{p+2,q-1} & & \Big\downarrow 0 \\
\mathrm{Tor}^B_{p,q}(\underline{k},\underline{k}) & \xrightarrow{\mathrm{Tor}^{\rho_*}} & \mathrm{Tor}^A_{p,q}(\underline{k},\underline{k})
\end{array}$$ ■

(2.6.2) D'autre part, les résultats du paragraphe 2.1 permettent de calculer le Tor différentiel : $\mathrm{Tor}^{\mathcal{B}}_*(\underline{k},\underline{k})$, on a en effet, d'après (2.1.3) :

$$\mathrm{Tor}^{\mathcal{B}}_*(\underline{k},\underline{k}) = H(\hat{U},\hat{d}')$$

Rappelons qu'on a posé $V = U \cap Z\mathcal{B}$ et $W = dU \subset T(V) \subset \mathcal{B}$.
On a donc la suite exacte :

(a) $$0 \longrightarrow \underline{\underline{k}} \otimes s\,V \hookrightarrow U \xrightarrow[(-1)]{d'} s\,W \longrightarrow 0$$

où d' est la différentielle de la suspension. La différentielle $\hat{d}'$
est la composée :

$$\hat{U} \xrightarrow[(-1)]{d'} s\,W \xrightarrow{sQq} s\,V \hookrightarrow \hat{U}$$

La suite exacte (a) peut être considérée comme une suite exacte d'espaces vectoriels différentiels, en munissant les extrémités de la différentielle nulle. On en déduit le couple exact :

$$\begin{array}{ccc} s\,W & \xrightarrow{sQq} & s\,V \otimes \underline{\underline{k}} \\ {\scriptstyle (-1)}\nwarrow & & \swarrow \\ & H(\hat{U}) & \end{array}$$

qui se traduit par la suite exacte :

$$0 \longrightarrow \underline{\underline{k}} \otimes s\ \mathrm{Coker}\ Qq \longrightarrow H(\hat{U}) \longrightarrow s^2\ \mathrm{Ker}\ Qq \longrightarrow 0$$

or, on lit sur le diagramme (2.4.9) l'isomorphisme

$$\mathrm{Coker}\ Qq = QA = \mathrm{Tor}_1^A(\underline{\underline{k}},\underline{\underline{k}})$$

et la suite exacte :

$$0 \longrightarrow \mathrm{Ker}\ \bar{q} \longrightarrow \mathrm{Ker}\ Qq \longrightarrow \mathrm{Tor}_2^A(\underline{\underline{k}},\underline{\underline{k}}) \longrightarrow 0$$

Finalement, nous avons établi la décomposition non canonique suivante de $\mathrm{Tor}_*^{\mathcal{B}}(\underline{\underline{k}},\underline{\underline{k}})$:

$$\mathrm{Tor}_*^{\mathcal{B}}(\underline{\underline{k}},\underline{\underline{k}}) \cong \underline{\underline{k}} \otimes s\,Q\,A \oplus s^2\ \mathrm{Tor}_2^A(\underline{\underline{k}},\underline{\underline{k}}) \oplus s^2\ \mathrm{Ker}\ \bar{q}$$

Nous pouvons maintenant énoncer la propriété essentielle de la suite spectrale d'Eilenberg-Moore pour $\mathcal{B}$:

(2.6.3) PROPOSITION : $E^3 = E^\infty$

La démonstration de cette proposition utilise un artifice assez long à exposer. Admettons pour l'instant cet énoncé. On a évidemment :

$$d^2_{1,*} = 0 = d^2_{2,*}$$

d'où

$$E^\infty_{1,*} = E^3_{1,*} = E^2_{1,*} / \operatorname{Im} d^2_{3,*}$$

$$E^\infty_{2,*} = E^3_{2,*} = E^2_{2,*} / \operatorname{Im} d^2_{4,*}$$

Or, $\operatorname{Im} d^2_{4,*} \subset C_{2,*} \cong s\,\mathrm{Tor}^A_{4,*}(\underline{k},\underline{k})$

$\operatorname{Im} d^2_{3,*} \subset C_{1,*} \cong s\,\mathrm{Tor}^A_{3,*}(\underline{k},\underline{k}) \oplus s\,\mathrm{Ker}\,\bar{q}$

d'après le lemme (2.6.1). En fait on peut préciser la deuxième inclusion en considérant le morphisme de suites spectrales induit par $\varphi : \mathcal{B}(S') \longrightarrow \mathcal{B}$ (cf. 2.5.1) : ce morphisme se traduit par le diagramme commutatif :

$$\begin{array}{ccccccc}
{}'E^2_{3,*} & \xrightarrow{\mathrm{Tor}^{\varphi_*}_{3,*}} & E^2_{3,*} & & & & \\
\downarrow {}'d^2_{3,*} & & \downarrow d^2_{3,*} & & & & \\
{}'E^2_{1,*} & \xrightarrow{\mathrm{Tor}^{\varphi_*}_{1,*}} & E^2_{1,*} & \longrightarrow & s\,\mathrm{Ker}\,\bar{q} & \longrightarrow & 0
\end{array}$$

qui montre que $\operatorname{Im} d^2_{3,*}$ est contenu dans un sous-espace isomorphe à $s\,\mathrm{Tor}^A_{3,*}(\underline{k},\underline{k})$.

Nous faisons maintenant appel à l'hypothèse que $\mathcal{B}$ est un espace vectoriel de dimension finie en chaque degré, faite une fois pour toutes au début de ce travail. Les arguments qui précédent montrent que $E^3_{1,*} = E^\infty_{1,*}$ contient un sous-espace vectoriel isomorphe à $\mathrm{Tor}^A_{1,*}(\underline{k},\underline{k}) \oplus s\,\mathrm{Ker}\,\bar{q}$, et que $E^3_{2,*} = E^\infty_{2,*}$ contient un sous-espace vectoriel isomorphe à $\mathrm{Tor}^A_2(\underline{k},\underline{k})$.

Comme

$$\mathrm{Tor}_{*}^{\mathcal{B}}(\underline{\underline{k}},\underline{\underline{k}}) = \mathrm{Tot}_{*}(E^{\infty}_{*,*})$$

on en conclut qu'on en a fait les isomorphismes (fort peu canoniques !)

$$E^{\infty}_{1,*} \cong \mathrm{Tor}_1^A(\underline{\underline{k}},\underline{\underline{k}}) \oplus s\ \mathrm{Ker}\ \bar{q}$$

$$E^{\infty}_{2,*} \cong \mathrm{Tor}_2^A(\underline{\underline{k}},\underline{\underline{k}})$$

et par suite $E^{\infty}_{p,*} = 0$ pour $p > 2$.

On en déduit l'exactitude de la suite :

$$E^2_{=+2,*} \xrightarrow{d^2_{p+2,*}} E^2_{p,*} \xrightarrow{d^2_{p,*}} E^2_{p-2,*}$$

pour $p > 2$.

La restriction de $d^2_{p,*}$ à $\mathrm{Tor}^A_{p,*}(\underline{\underline{k}},\underline{\underline{k}}) \subset E^2_{p,*}$ est un isomorphisme sur un facteur isomorphe à $s\ \mathrm{Tor}^A_{p,*}(\underline{\underline{k}},\underline{\underline{k}})$ de $E^2_{p-2,*}$ pour $p > 2$: on notera que $d^2_{p,*}$ est bien de degré complémentaire (+1).

La situation est résumée dans le tableau ci-contre (page 47 bis).

(2.6.4) REMARQUE.

M. GINSBURG [5] a proposé d'appeler les différentielles d^r de la suite spectrale du Tor différentiel, des "produits de Massey modifiés d'ordre r. De fait, si l'on reprend l'exemple (2.5.4) on montre facilement les résultats suivants :

(a) L'élément $x|x|x$ de la bar-construction de est un cycle dont la classe dans $E^2_{3,*}$ engendre le facteur $\mathrm{Tor}^{E(x)}_{3,*}(\underline{\underline{k}},\underline{\underline{k}})$

(b) On a :

$$d^2_{3,3n}\ (x|x|x) = \bar{\omega} \in (QB)_{3n+1} = E^2_{1,3n+1}$$

(c) Le produit de Massey $< \bar{x}, \bar{x}, \bar{x} >$ est défini dans $B = H\mathcal{B}$ et l'on a :

$\bar{\omega} \in < \bar{x}, \bar{x}, \bar{x} >$.

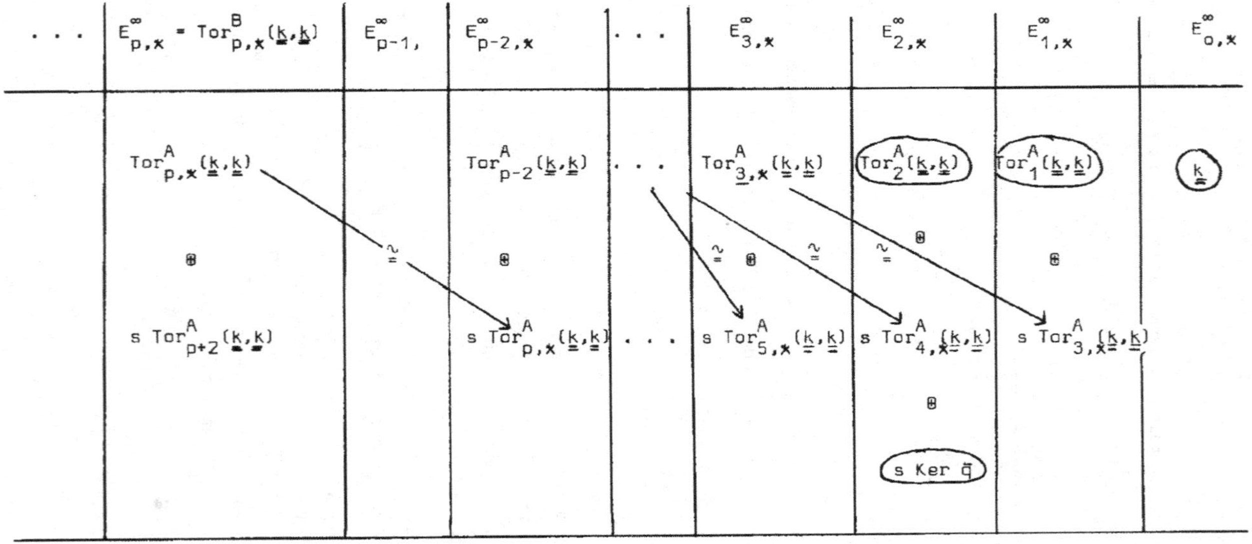

Les termes entourés correspondent aux cycles permanents. Les flèches obliques sont les isomorphismes $\text{Coim}\ d^2_p \xrightarrow{\cong} \text{Im}\ d^2_p$

J. Stasheff et J.P. May ont précisé la relation entre produits de Massey "classiques" et "modifiés". On trouvera un exposé sommaire de cette théorie dans ([16] , ch. 12)

Revenant au cas général d'une algèbre libre $\mathfrak{B}$ de longueur deux, les résultats des paragraphes 2.4 et 2.6 montrent que l'on peut trouver un système minimal de générateurs de l'algèbre $B = H\mathfrak{B}$ comprenant :

- un système minimal de générateurs de A
- des triples produits de Massey modifiés d'éléments de A
- enfin des générateurs "parasites" correspondant aux relations surabondantes de la présentation (S) de A.

Il nous reste à établir (2.6.3). Pour cela nous aurons besoin de quelques préliminaires techniques.

Précisons d'abord quelques points de langage :

(2.6.5) DEFINITIONS.

Soit V un espace vectoriel gradué. On notera Tot V, l'espace non gradué $\coprod_p V_p$. Si E est un espace vectoriel non gradué, une graduation de E est la donnée d'un espace gradué E_* tel que Tot $E_* = E$. Un élément de Tot V qui est dans l'image canonique de V_p sera dit "homogène de degré p". Une base homogène de Tot V est une base formée d'élements homogènes. On notera de la même façon un élément v de V et l'élément homogène correspondant de Tot V, et on notera $|v|$ le degré de v.

(2.6.6) DEFINITIONS.

Soit V un espace vectoriel gradué et λ un entier > 0. On notera ${}_\lambda V$ l'espace vectoriel gradué défini par :

$$({}_\lambda V)_p = 0 \qquad \text{si } p \not\equiv 0 \ (\lambda)$$

$$(\lambda V)_{\lambda n} = V_n \qquad \forall\, n \in \mathbb{N}$$

Il est clair que $\mathrm{Tot}_\lambda V = \mathrm{Tot}\, V$; la donnée de $_\lambda V$ est une graduation de Tot V que nous appellerons la <u>λ-graduation</u>. On peut aussi considérer $\lambda(\cdot) : \underline{\underline{k}}\ \underline{\mathrm{Vect}} \longrightarrow \underline{\underline{k}}\ \underline{\mathrm{Vect}}$ comme un foncteur. Ce foncteur est exact et commute au produit tensoriel. Par suite, si $(A,m : A \otimes A \longrightarrow A)$ est une algèbre, $({}_\lambda A, {}_\lambda m)$ est une algèbre connexe si A l'est. On obtient ainsi un foncteur

$$_\lambda(\cdot) : \underline{\underline{k}}\ \underline{\mathrm{Alg}} \longrightarrow \underline{\underline{k}}\ \underline{\mathrm{Alg}}$$

et l'on a l'isomorphisme, aussi évident que naturel :

$$\forall\, V \in \underline{\underline{k}}\ \underline{\mathrm{Vect}},\quad T({}_\lambda V) = {}_\lambda T(V)$$

Soit $\theta_{V,W} : V \otimes W \xrightarrow{\ \sim\ } W \otimes V$

l'isomorphisme d'échange, donné par :

$$\theta_{V,W}(v \otimes w) = (-1)^{|v|.|w|}\, w \otimes v$$

On voit que l'on a :

$$\forall\, V,W\ ,\quad {}_\lambda\theta_{V,W} = \theta_{{}_\lambda V,\, {}_\lambda W}$$

si et seulement si λ est impair. Incidemment ceci montre que $_\lambda(\cdot) : \underline{\underline{k}}\ \mathrm{Alg} \longrightarrow \underline{\underline{k}}\ \underline{\mathrm{Alg}}$ commute avec le produit de $\underline{\underline{k}}\ \underline{\mathrm{Alg}}$ si λ est impair.

(2.6.7) Soit :

$$(S) : T(W) \xrightarrow{\ q\ } T(V) \xrightarrow{\ p\ } A \longrightarrow k$$

une présentation de $A \in \underline{\underline{k}}\ \underline{\mathrm{Alg}}$. Alors :

$$({}_\lambda S) : T({}_\lambda W) \xrightarrow{\ {}_\lambda q\ } T({}_\lambda V) \xrightarrow{\ {}_\lambda p\ } {}_\lambda A \longrightarrow k$$

est une présentation de $_\lambda A$. On montre d'autre part sans peine l'isomorphisme (naturel) :

$$\forall p \geq 0,\quad {}_\lambda \mathrm{Tor}^A_{p,*}(\underline{\underline{k}},\underline{\underline{k}}) = \mathrm{Tor}^{{}_\lambda A}_{p,*}(\underline{\underline{k}},\underline{\underline{k}})$$

(2.6.8) Comparons à présent les algèbres différentielles libres associées aux présentations (S) et $({}_\lambda S)$. On a :

$$\mathfrak{B}(S)^{\#} = T(V \oplus s\,W)$$

$$\mathfrak{B}({}_\lambda S)^{\#} = T({}_\lambda V \oplus s({}_\lambda W))$$

Il est clair que :

$$\mathrm{Tot}\ \mathfrak{B}(S)^{\#} = \mathrm{Tot}\ \mathfrak{B}({}_{\lambda}S)^{\#}$$

mais la graduation $\mathfrak{B}({}_{\lambda}S)^{\#}$ n'est pas en général la λ-graduation sur Tot $\mathfrak{B}(S)^{\#}$. Nous dirons que c'est la (λ)-graduation sur Tot $\mathfrak{B}(S)^{\#}$. Si nous notons ${}_{(\lambda)}|\ |$ le degré d'un élément homogène dans la (λ)-graduation, on a par exemple, pour l'élément $v \otimes\ \in V \otimes s\, W$,

$${}_{(\lambda)}|v \otimes w| = \lambda|v| + \lambda(|w| - 1) + 1$$

Notons toutefois que la donnée d'une base de V et d'une base de W détermine canoniquement une base de $\mathfrak{B}(S)^{\#}$. La base correspondante de Tot $\mathfrak{B}(S)^{\#}$ est alors homogène pour toute (λ)-graduation.

(2.6.9) Notons enfin que la définition de la différentielle de $\mathfrak{B}(S)$ fait intervenir la parité des degrés des éléments. Il s'ensuit que l'isomorphisme canonique :

$$\mathrm{Tot}\ \mathfrak{B}(S)^{\#} = \mathrm{Tot}\ \mathfrak{B}({}_{\lambda}S)^{\#}$$

n'est en général compatible avec les différentielles que si λ est impair, ce que nous supposerons désormais. Nous pourrons alors parler de la (λ)-graduation sur l'algèbre différentielle $\mathfrak{B}(S)$.

Enfin, si $\mathfrak{B}$ est une algèbre différentielle libre de longueur 2 quelconque, on lui a associé une présentation (S), et on sait que $\mathfrak{B} \cong \mathfrak{B}(S)$ on pourra donc encore parler de la (λ)-graduation sur Tot $\mathfrak{B}$ pour λ impair, qui fournit donc une algèbre différentielle libre de longueur deux, notée ${}_{(\lambda)}\mathfrak{B}$. Tous les résultats relatifs à ${}_{(\lambda)}\mathfrak{B}$, en particulier les isomorphismes du théorème (2.3.9), se déduisent donc des résultats correspondants pour $\mathfrak{B}$ en remplaçant la graduation de $\mathfrak{B}$ (i.e la (1)-graduation) par la (λ)-graduation.

Nous pouvons maintenant démontrer la proposition (2.6.3) :

<u>(2.6.10) DEMONSTRATION de (2.6.3).</u>

Comparons les bar-constructions $\mathbb{B}\mathfrak{B}$ et $\mathbb{B}({}_{(\lambda)}\mathfrak{B})$. On a évidemment :

Tot $\mathbb{B}\mathfrak{B}$ = Tot $\mathbb{B}({}_{(\lambda)}\mathfrak{B})$.

et la graduation de $\mathbb{B}({}_{(\lambda)}\mathcal{B})$ peut être considérée comme la (λ)-graduation sur Tot $\mathbb{B}\mathcal{B}$: cette graduation est compatible avec la filtration "par le nombre de barres", qui donne naissance à la suite spectrale d'Eilenberg-Moore. Par suite, dans cette dernière, la différentielle :

$$d_p^r : E_{p,*}^r \longrightarrow E_{p-r,*}^r$$

est de degré complémentaire r-1 pour toute (λ)-graduation (avec λ impair). Or $E_{p,*}^r$ est un sous-quotient de $E_{p,*}^2$, et la décomposition (2.3.9) :

$$\forall p \geq 1 \qquad E_{p,*}^2 = \mathrm{Tor}_{p,*}^A(\underline{\underline{k}},\underline{\underline{k}}) \oplus C_{p,*}$$

est compatible avec la (λ)-graduation pour tout λ impair. Il résulte alors des considérations du numéro (2.6.7) que la (λ)-graduation sur $\mathrm{Tor}_p^A(\underline{\underline{k}},\underline{\underline{k}})$ n'est autre que la λ-graduation, tandis que sur C_p on a :

$$({}_{(\lambda)}C_p)_* = s\left[{}_\lambda(s^{-1} C_{p,*})\right]$$

Autrement dit, si $\alpha' \in \mathrm{Tor}_{p,*}^A(\underline{\underline{k}},\underline{\underline{k}})$, on a

$$_{(\lambda)}|\alpha'| = \lambda.|\alpha'|$$

tandis que si $\alpha'' \in C_{p,*}$, on a :

$$_{(\lambda)}|\alpha''| = \lambda(|\alpha''| - 1) + 1$$

Soit maintenant d_p^r une différentielle non nulle de la suite spectrale d'Eilenberg-Moore, pour $\mathcal{B}$. Il existe donc $\alpha \in E_{p,*}^r$ tel que $\beta = d_p^r\alpha \neq 0$.

On doit avoir :

$$|\alpha| = |\beta| - r + 1$$

$$\forall\lambda \text{ impair, } \quad {}_{(\lambda)}|\alpha| = {}_{(\lambda)}|\beta| - r + 1$$

Par suite, l'un des nombres :

$$\lambda.|\alpha| + r - 1 \text{ et } \lambda(|\alpha| - 1) + r$$

doit être égal à l'un au moins des nombres :

$$\lambda(|\alpha| + r - 1) \text{ et } \lambda(|\alpha| + r - 2) + 1$$

et ceci pour tout λ impair. La seule solution, compte tenu de ce que $r \geq 2$, est :

$$\lambda(|\alpha| + r - 2) + 1 = \lambda|\alpha| + r - 1$$

avec $r = 2$.
Il s'ensuit que pour $r \geq 3$ on a nécéssairement $d^r = 0$, d'où le résultat cherché. ■

(2.6.11) REMARQUES.

Nous avons établi les propriétés suivantes de la suite spectrale d'Eilenberg-Moore pour l'algèbre $\mathcal{B}$, lorsque $\mathcal{B}$ est libre de longueur 2 :

(a) $E^3 = E^\infty$

(b) $E^\infty_{p,*} = 0$ pour $p \geq 3$

Il semble raisonnable de conjecturer que ces propriétés s'étendent aux algèbres libres de longueur finie quelconque :

CONJECTURE.

Si l'algèbre différentielle libre $\mathcal{B}$ est de longueur n, la suite spectrale :

$$E^2_{p,q} = \mathrm{Tor}^H_{p,q}(\underline{k},\underline{k}) \qquad \mathrm{Tor}_{p+q}(\underline{k},\underline{k})$$

vérifie les propriétés suivantes :

(a) $E^{n+1} = E^\infty$

(b) $E^\infty_{p,*} = 0$ si $p \geq n+1$

Si cette conjecture s'avérait exacte, elle fournirait un analogue algèbrique intéressant du théorème de M. GINSBURG [5].
On notera que la conjecture est trivialement vraie pour $n \leq 1$. Nous verrons au chapitre 4 des exemples pour lesquels la conjecture est vraie avec $n > 2$.

CHAPITRE 3 : APPLICATION A LA DETERMINATION DE CERTAINES ALGEBRES DE PONTRYAGIN D'ESPACES DE LACETS

(3.0. La méthode d'Adams-Hilton.

(3.0.1) Soit K un complexe cellulaire (C W-complexe) simplement connexe, dont le 1-squelette est réduit à un point, et soit ΩK l'espace des lacets (de Moore) basés en ce point. Dans [1] , J.F.Adams et P.Hilton ont montré qu'on peut trouver une $\mathbb{Z}$-algèbre différentielle A(K), libre comme $\mathbb{Z}$-module et comme algèbre, et un morphisme de $\mathbb{Z}$-algèbres différentielles

$$\Theta_K : A(K) \longrightarrow C_*(\Omega K)$$

tels que :

$$(\Theta_K)_* : H(A(K)) \longrightarrow H_*(\Omega K;\mathbb{Z})$$

soit un isomorphisme d'algèbres (non différentielles). $C_*(\Omega K)$ désigne ici le complexe des chaînes cubiques non dégénérées de ΩK, muni de la multiplication induite par la composition des lacets.

(3.0.2) Rappelons brièvement la définition de l'algèbre différentielle A(K) : elle est engendrée librement par des éléments (a_i) choisis de la façon suivante : à chaque cellule e_i^n de dimension $n (n > 1)$, correspond un et seul générateur a_i de dimension n-1. La différentielle de A(K) est définie par récurrence sur les squelettes : supposons celle-ci définie sur le sous-complexe $K' \subset K$, et supposons $\Theta_{K'} : A(K') \longrightarrow C_*(\Omega K')$ défini et tel que $(\Theta_{K'})_*$ soit un isomorphisme. Si K" est un sous-complexe de K tel que :

$$K'' = K' \cup_f e^{n+1}$$

l'algèbre A(K") s'obtient en adjoignant à A(K') un générateur a de degré n, dont la différentielle est déterminée comme suit :

soit :

$$\tilde{f} : S^{n-1} \longrightarrow \Omega K'$$

la transposée de l'application d'attachement f, et soit ι_{n-1} un générateur de $H_{n-1}(S^{n-1};\mathbb{Z})$.

Alors on pose :

$$da = (\Theta_{K'})_*^{-1}\, \tilde{f}_*\, 1_{n-1}$$

et on étend de même le morphisme $\Theta_{K'}$ à K".

(3.0.3) Remarquons à présent que si $\underline{k}$ est un corps quelconque, le morphisme :

$$\Theta_K \otimes \underline{k} : A(K) \otimes \underline{k} \longrightarrow C_*(\Omega K) \otimes \underline{k}$$

est un morphisme de $\underline{k}$-algèbres différentielles, qui induit un isomorphisme en homologie car A(K) et $C_*(\Omega K)$ sont des $\mathbb{Z}$-modules libres.
De plus, $A(K) \otimes \underline{k}$ est une $\underline{k}$-algèbre différentielle libre. Dans le cas où cette algèbre est de longueur 2, les résultats du chapitre précédent fournissent donc des informations sur l'algèbre $H_*(\Omega K;\underline{k})$.

Nous illustrerons d'abord cette méthode par deux exemples concrets, tirés de [1] .

3.1 Exemples : complexes à 2 cellules et "bouquets garnis".

(3.1.1) Reprenons d'abord l'exemple du théorème (3.4) de [1] . Soit :

$$f : S^{2n+1} \longrightarrow S^{n+1} \qquad (n \geq 1)$$

une application continue, et soit

$$K = S^{n+1} \cup_f e^{2n+2}$$

L'algèbre A(K) est engendrée librement par deux générateurs a_1 et a_2, de degrés respectifs n et 2n, et l'on a :

$$da_2 = \lambda\, a_1^2,\ \lambda \in \mathbb{Z}$$

on peut montrer (loc.cit.) que l'entier λ n'est autre que l'invariant de Hopf de f.

Soit donc $\mathcal{B} = A(K) \otimes \underline{k}$. Il est clair que $\mathcal{B}$ est de longueur 2 si $\lambda .1 \neq 0$ dans $\underline{k}$, et de longueur 1 sinon. On a donc :

(a) si $\lambda.1 = 0 \in \underline{k}$, ce qui est toujours le cas pour n pair :

$$H_*(\Omega K,\underline{k}) \cong T(a_1,a_2)$$

(b) si $\lambda.1 \neq 0$, alors n est impair et les résultats du n°(2.5.4) montrent que l'on a :

$$H_*(\Omega K, \underline{k}) \cong E(a_1) \otimes T(\omega)$$

où ω est la classe du cycle $a_1 a_2 + a_2 a_1$, on retrouve ainsi une variante (les coefficients sont dans $\underline{k}$) du théorème 3.5 de [1] .

(3.1.2) Passons maintenant à l'étude des "bouquets garnis" (fat wedges), dont nous rappelons d'abord la définition. Soit (X_α), $\alpha = 1,\dots,m$, une famille finie d'espaces topologiques pointés. On désignera par $T_k(X_1,\dots,X_m)$ le sous-espace du produit $\prod_\alpha X_\alpha$, dont $m - k$ termes au moins sont égaux au point de base.

On a évidemment :

$$\forall k,\ 0 \leq k < m \quad T_0 = * \subset T_k \subset T_{k+1} \subset T_m$$

$$T_m = {}_{\alpha} X_\alpha$$

$$T_1 = \bigvee_\alpha X_\alpha$$

Ces espaces ont été étudiés par G.Porter [12] , entre autres). Nous avons préféré utiliser l'indexation opposée de celle de Porter de façon que les T_k constituent une filtration croissante du produit.

Si nous prenons, pour chaque indice α ,

$$X_\alpha = S^{n_\alpha + 1} \quad , \quad n_\alpha \geq 1$$

nous poserons

$$X = \prod_{\alpha=1}^{m} S^{n_\alpha + 1} = T_m(X_1,\dots,X_m)$$

et les espaces $T_k(X_1,\dots,X_m)$ constituent une filtration croissante du produit.

(3.1.3) Considérons maintenant la $\underline{k}$-algèbre différentielle libre $\mathfrak{B}$ définie comme suit :

$$\mathfrak{B}^{\#} = T(x_J,\ \emptyset \neq J \subset \{1,\dots,m\})$$

$$|x_J| = -1 + \sum_{\alpha \in J} (n_\alpha + 1)$$

$$dx_J = \sum_{(A,B)} (-1)^{\varepsilon_{AB}} x_A . x_B$$

la sommation étant étendue à tous les couples (A,B) de parties non vides, disjointes, de $\{1,\dots,m\}$ telles que $A \cup B = J$, et le coefficient ε_{AB} étant donné par :

$$\varepsilon_{AB} = \sum_{\alpha \in A} (n_\alpha + 1) + \sum_{\substack{\alpha \in A \\ \beta \in B \\ \alpha > \beta}} (n_\alpha + 1)(n_\beta + 1)$$

Le lecteur vérifiera que d est bien une différentielle. On remarque de plus que

$$\varepsilon_{AB} = (-1)^{|x_A|\cdot|x_B| + 1} \varepsilon_{BA}$$

de sorte que l'on a

$$dx_J = \sum_{A,B} (-1)^{\varepsilon_{AB}} [x_A, x_B]$$

la sommation étant étendue cette fois aux <u>paires</u> de sous-ensembles non vides A,B qui constituent une partition de J.

Filtrons enfin l'algèbre $\mathcal{B}$ en désignant par $F_k\mathcal{B}$ la sous-algèbre de $\mathcal{B}$ engendrée par les éléments x_J tels que Card $J \leq k$.
On vérifie immédiatement que :

$$F_0\mathcal{B} = \underline{k}$$

$$F_1\mathcal{B} = T(\{x_\alpha\}, \alpha \in \{1,\dots,m\})$$

et que pour tout k, avec $0 \leq k \leq m$, l'algèbre différentielle $F_k\mathcal{B}$ est de longueur k.

Nous pouvons maintenant énoncer le :

(3.1.4) <u>LEMME</u> : Il existe un morphisme d'algèbres différentielles :

$$\Theta : \mathcal{B} \longrightarrow C_*(\Omega X) \otimes \underline{k}$$

compatible avec les filtrations définies ci-dessus, qui induit un isomorphisme en homologie.

<u>Preuve</u> : C'est le théorème 4.3 de [1] , "tensorisé" par $\underline{k}$. ■

Pour k = 1, on trouve :

$$H_*(\Omega \bigvee_\alpha S^{n_\alpha+1} ; \underline{k}) \cong T(x_\alpha)$$

résultat bien connu depuis le travail de Bott et Samelson [2] .

(3.1.5) Pour $k = 2$, on a :

$$H_*(\Omega\, T_2(S^{n_\alpha+1}) \; ; \; \underline{k}) = H(F_2 \mathcal{B})$$

Posons pour abréger $F_2\mathcal{B} = \mathcal{B}''$. Nous reprenons toutes les notations du chapitre 2, en les affectant d'un " . On a donc

$$(\mathcal{B}'')^{\#} = T(U'')$$

où une base de U" est constituée des éléments

$$x_\alpha \; , \; \alpha \in \{1,\dots,m\} \; , \quad |x_\alpha| = n_\alpha$$

$$x_{\alpha\beta} \; , \; 1 \leq \alpha \leq \beta \leq m, \quad |x_{\alpha\beta}| = n_\alpha + n_\beta + 1$$

La différentielle est définie par :

$$dx_\alpha = 0$$

$$dx_{\alpha\beta} = (-1)^{n_\alpha+1} [x_\alpha, x_\beta]$$

L'idéal I est donc engendré par les crochets $[x_\alpha \, , \, x_\beta]$ avec $\alpha < \beta$

Par suite, l'algèbre $A = T(x_\alpha)/I$ est l'algèbre commutative libre (algèbre de polynômes) sur les x_α :

$$A = P(x_\alpha) = T(x_1) \otimes \dots \otimes T(x_m)$$

On a donc

$$\mathrm{Tor}^A_{*,*}(\underline{k},\underline{k}) = \bigotimes_{\alpha=1}^{m} \mathrm{Tor}^{T(x_\alpha)}_{*,*}(\underline{k},\underline{k})$$

de sorte qu'une base homogène de l'espace vectoriel $\mathrm{Tor}^A_p(\underline{k},\underline{k})$ est constituée d'éléments ξ_J, indexés par les parties J à p éléments de $\{1,\dots,m\}$, avec $|\xi_J| = \sum_{\alpha \in J} n_\alpha$.

On en déduit d'abord que la présentation

$$A = \{(x_\alpha), \, \alpha \in J \; ; \; [x_\alpha, x_\beta] = 0, \quad \alpha \neq \beta\}$$

est minimale. Ensuite, le théorème (2.3.8) montre que l'algèbre $B'' = H(\mathcal{B}'') \cong H_*(\Omega\, T_2 \; ; \; \underline{k})$ est engendrée par C^3_m éléments en plus des x_α, et que ces derniers sont liés par C^4_m relations en plus des relations $[x_\alpha, x_\beta] = 0$. De plus, à toute partie J à trois éléments de $\{1,\dots,m\}$ correspond un générateur de degré $(\sum_{\alpha\in J} n_\alpha) + 1$, et à toute partie K à 4 éléments de $\{1,\dots,m\}$ correspond une relation de degré $(\sum_{\alpha \in K} n_\alpha) + 1$

Or, si J est une partie à trois éléments de $\{1,\dots,m\}$, l'élément dx_J est un cycle de $F_2\mathcal{B} = \mathcal{B}"$ qui n'est pas un bord, sa classe n'est pas décomposable (pour des raisons de degré), on pourra donc prendre

$$\omega_j = \overline{dx_J}$$

comme générateur de B".

Soit maintenant K une partie à quatre éléments de $\{1,\dots,m\}$. Posons, pour alléger les notations :

$$\forall\, \alpha \in K, \qquad K_\alpha = K - \{\alpha\}$$
$$\varepsilon_\alpha = (-1)^{\varepsilon_{K_\alpha},\{\alpha\}}$$

Dans ces conditions, on a dans $\mathcal{B}$:

$$dx_K = \sum_{\alpha \in K} \varepsilon_\alpha \left[x_{K_\alpha}, x_\alpha\right] + \sum_{\substack{K' \cup K'' = K \\ \text{card } K' = 2 \\ K' \cap K'' = \emptyset}} (-1)^{\varepsilon_{K',K''}} \left[x_{K'}, x_{K''}\right]$$

d'où :

$$0 = d^2x_K = \sum_{\alpha \in K} \varepsilon_\alpha \left[dx_{K_\alpha}, x_\alpha\right] + d\sum_{K'} (-1)^{\varepsilon_{K',K''}} \left[x_{K'}, x_{K''}\right]$$

soit enfin dans B" la relation :

$$\sum_{\alpha \in K} \left[\omega_{K_\alpha}, x_\alpha\right] = 0$$

qui a bien le degré prévu.

Nous pouvons donc conclure :

(3.1.6) __THEOREME__. Une présentation minimale de l'algèbre

$H_*(T_2(S^{n_1+1},\dots,S^{n_m+1}) ; \underline{k})$ comporte :

(i) m générateurs x_α de degrés respectifs n_α

(ii) C_m^3 générateurs ω_J, avec $J = \{\alpha,\beta,\gamma\}$ de degrés respectifs $n_\alpha + n_\beta + n_\gamma + 1$

(iii) C_m^2 relations : $[x_\alpha, x_\beta] = 0 \quad \alpha \neq \beta$

(iv) C_m^4 relations : $\sum_{\alpha \in K} \varepsilon_\alpha [\omega_{K_\alpha}, x_\alpha] = 0$

(3.1.7) REMARQUE.

Pour m = 1, on a trivialement :

$$T_2(S^{n+1}) = S^{n+1}$$

et $H_*(\Omega\, S^{n+1}) = T(x) \qquad |x| = n$

Pour m = 2, les ensembles de générateurs (ii) et de relations (iv) sont vides. On a du reste :

$$T_2(S^{n_1+1}, S^{n_2+1}) = S^{n_1+1} \times S^{n_2+1}$$

$$\Omega\,(S^{n_1+1} \times S^{n_2+1}) \cong \Omega S^{n_1+1} \times \Omega X^{n_2+1}$$

d'où, d'après Künneth :

$$H_*(\Omega\, T_2(S^{n_1+1}, S^{n_2+1})) = T(x_1) \otimes T(x_2)$$

avec $|x_1| = n_1$, $|x_2| = n_2$.

Pour m = 3, il n'y a qu'un seul générateur du type (iii) et aucune relation (iv). On a donc :

$$H_*(\Omega\, T_2(S^{n_1+1}, S^{n_2+1}, S^{n_3+1}) = (T(x_1) \otimes T(x_2) \otimes T(x_3)) \amalg T(\omega)$$

avec $|x_i| = n_i$, $i = 1,2,3$

$$|\omega| = n_1 + n_2 + n_3 + 1$$

Remarquons qu'on a :

$$\text{gl.dim}\ (T(x_1) \otimes T(x_2) \otimes T(x_3)) = 3$$

et on se trouve donc dans un cas particulier de la situation étudiée en (2.5.3).

Enfin, pour m = 4, on obtient quatre générateurs du type (iii), liés aux quatre générateurs du type (i) par une seule relation du type (iv).

L'expression de $H_*(\Omega\, T_2\ ;\ \underline{k})$ pour m = 3 a été obtenue par G. Porter [12] par une méthode "ad hoc" de comparaison de suites spectrales.

Le théorème (3.1.6) sera généralisé au cas des bouquets garnis T_k, $k > 2$, au chapitre 4.

3.2. CONES D'APPLICATIONS ENTRE SUSPENSIONS.

(3.2.0) Dans ce paragraphe, nous nous proposons de généraliser quelque peu les résultats du paragraphe précédent, de la manière suivante. Nous considérons une application continue :

$$f : \Sigma Y \longrightarrow \Sigma X$$

où X et Y sont deux espaces connexes, bien pointés (non-degenerate base-point). Soit Z le cône de l'application f :

$$Z = \Sigma X \cup_f C\Sigma Y$$

on a donc la suite "coexacte" d'espaces pointés :

$$\Sigma Y \xrightarrow{f} \Sigma X \xrightarrow{j} Z$$

et nous nous proposons de montrer que $H_*(\Omega Z;\underline{k})$ est isomorphe à l'homologie d'une certaine algèbre libre de longueur deux.

(3.2.1) Rappelons d'abord le théorème de Bott et Samelson [2] . Si X est un espace connexe quelconque, soit

$$\beta : X \longrightarrow \Omega\Sigma X$$

l'application canonique, adjointe de l'identité. Elle induit un homomorphisme d'espaces vectoriels gradués :

$$\beta_* = \tilde{H}_*(X;\underline{k}) \longrightarrow \tilde{H}_*(\Omega\Sigma X;\underline{k})$$

qui détermine à son tour un homomorphisme d'algèbres connexes :

$$\tilde{\beta} : T(H_*(X)) \longrightarrow H_*(\Omega\Sigma X)$$

<u>THEOREME ([2])</u> : $\tilde{\beta}_*$ est un isomorphisme

<u>DEMONSTRATION</u> (inspirée de [1]) :

Soit (x_i) une base de $\tilde{H}_*(X)$, et choisissons pour chaque i un cycle z_i dans $C_*(\Omega\Sigma X)$ qui représente $\beta_* x_i$. Si nous posons $\theta' x_i = z_i$, nous définissons un morphisme d'algèbres différentielles :

$$\theta' : T(\tilde{H}_*(X)) \longrightarrow C_*(\Omega\Sigma X)$$

tel que $\theta'_* = \tilde{\beta}_*$.

Soit $E\Sigma X$ l'espace des chemins qui aboutissent au point de base de ΣX. On a $C_*(\Omega\Sigma X)\otimes \underline{k} \subset C_*(E\Sigma X)\otimes \underline{k}$, et ce dernier complexe est un $C_*(\Omega\Sigma X)\otimes \underline{k}$ module acyclique. Soit d'autre part $ET(\tilde{H}_*(X))$ la construction d'Adams-Hilton sur l'algèbre (à différentielle nulle) $T(\tilde{H}_*(X))$. On prolonge l'homomorphisme Θ' en :

$$\Theta'' : ET(H_*(X)) \longrightarrow C_*(E\Sigma X)\otimes \underline{k}$$

de la manière suivante : on a :

$$ET\,\tilde{H}_*(X)^{\#} = T\tilde{H}_*(X)\otimes H_*(\Sigma X)$$

Notons $\hat{x}_i \in H_*(\Sigma X)$ la suspension de $x_i \in \tilde{H}_*(X)$. Alors la différentielle de $ET\,\tilde{H}_*(X)$ est déterminée par :

$$d(1\otimes \hat{x}_i) = x_i\otimes 1$$

et nous posons

$$\Theta''(x_i\otimes 1) = z_i \in C_*(\Omega\Sigma X)\otimes \underline{k} \subset C_*(E\Sigma X)\otimes \underline{k}$$

comme $C_*(E\Sigma X)\otimes \underline{k}$ est acyclique, il existe $\hat{z}_i$ tel que $d\hat{z}_i = z_i$. On pose alors :

$$\Theta''(1\otimes \hat{x}_i) = \hat{z}_i$$

soit enfin $p : E\Sigma X \longrightarrow \Sigma X$ la fibration classique (évaluation en zéro). On remarque que $p\,\hat{z}_i \in C_*(\Sigma X)\otimes k$ est un cycle, car :

$$d\,p\,\hat{z}_i = pd\,\hat{z}_i = p\,z_i = 0$$

on définit alors un morphisme différentiel :

$$\bar{\Theta} : H_*(\Sigma X;\underline{k}) \longrightarrow C_*(\Sigma X)\otimes \underline{k}$$

par $\bar{\Theta}\hat{x}_i = p\,\hat{z}_i$.

On vérifie sans difficulté que $\bar{\Theta}_*$ est l'identité. A présent, le diagramme :

$$\begin{array}{ccc} ET\,\tilde{H}_*(X) & \xrightarrow{\Theta''} & C_*(E\Sigma X)\otimes k \\ \pi\downarrow & & \downarrow p \\ H_*(\Sigma X) & \xrightarrow{\bar{\Theta}} & C_*(\Sigma X)\otimes k \end{array}$$

est commutatif. On filtre alors $H_*(\Sigma X)$ et $C_*(\Sigma X) \otimes \underline{k}$ par les degrés : les filtrations images réciproques correspondantes sur ET $H_*(X)$ et $C_*(E\Sigma X) \otimes \underline{k}$ sont compatibles avec Θ'', et Θ'' induit un isomorphisme des suites spectrales au niveau E^2. Le théorème d'isomorphisme de Moore (ou de Zeeman) permet alors d'affirmer que :

$$\Theta'_* : T\tilde{H}_*(X) \longrightarrow H_*(\Omega\Sigma X)$$

est un isomorphisme. ■

(3.2.2) Soit g la composée :

$$T\tilde{H}_*(Y) \xrightarrow[\cong]{\tilde{\beta}_*} H_*(\Omega\Sigma Y) \xrightarrow{(\Omega f)_*} H_*(\Omega\Sigma X) \xrightarrow[\cong]{\tilde{\beta}_*^{-1}} T\tilde{H}_*(X)$$

et soit A le conoyau de g (dans k Alg). On a donc la présentation :

$$\begin{array}{ccccccc} T\tilde{H}_*(Y) & \xrightarrow{g} & T\tilde{H}_*(X) & \longrightarrow & A & \longrightarrow & k \\ \cong \uparrow \tilde{\beta}_* & & \cong \uparrow \tilde{\beta}_* & & & & \\ H_*(\Omega\Sigma Y) & \xrightarrow{(\Omega f)_*} & H_*(\Omega\Sigma X) & & & & \end{array}$$

Soit $\mathcal{B}(f)$ l'algèbre différentielle associée à cette présentation (cf.2.3.6).
Nous pouvons alors énoncer le :

<u>THEOREME (3.2.2)</u>. On peut définir un morphisme d'algèbres différentielles :

$$\Theta : \mathcal{B}(f) \longrightarrow C_*(\Omega Z) \otimes \underline{k}$$

qui induit un isomorphisme en homologie, et qui est tel que le carré :

$$\begin{array}{ccc} T\tilde{H}_*(X) & \xrightarrow{\Theta'} & C_*(\Omega\Sigma X) \otimes \underline{k} \\ \downarrow i & & \downarrow \Omega_j \\ \mathcal{B}(f) & \longrightarrow & C_*(\Omega Z) \otimes \underline{k} \end{array}$$

soit commutatif.

La démonstration de cette proposition est une simple transcription de celle d'Adams-Hilton, analogue à celle que nous avons donnée du théorème de Bott et Samelson (3.2.1). Nous la laisserons donc au lecteur. ■

Il résulte du théorème précédent que l'on a le diagramme commutatif :

$$\begin{array}{ccccc} \widetilde{TH}_*(Y) & \xrightarrow{\ g\ } & \widetilde{TH}_*(X) & \xrightarrow{\ i_*\ } & H\mathcal{B}(f) \\ \cong\big\downarrow \tilde{\beta}_* & & \cong\big\downarrow \tilde{\beta}_* & & \cong\big\downarrow \Theta_* \\ H_*(\Omega\Sigma Y) & \xrightarrow{(\Omega f)_*} & H_*(\Omega\Sigma X) & \xrightarrow{(\Omega_j)_*} & H_*(\Omega Z) \end{array}$$

Comme la suite du haut est une suite coexacte d'algèbres (cf. 2.3.6.), il en est de même de la suite du bas. Nous pouvons donc conclure :

<u>(3.2.3) COROLLAIRE</u> :

Soit $f : \Sigma Y \longrightarrow \Sigma X$ une application continue, avec X et Y connexes, et soit Z le cône de l'application f. Alors la suite de $\underline{\underline{k}}$-algèbres connexes :

$$H_*(\Omega\Sigma Y\ ;\ \underline{\underline{k}}) \xrightarrow{(\Omega f)_*} H_*(\Omega\Sigma X\ ;\ \underline{\underline{k}}) \xrightarrow{(\Omega_j)_*} H_*(\Omega Z\ ;\ \underline{\underline{k}})$$

est coexacte. De plus, l'inclusion

$$\sigma : \mathrm{Im}(\Omega j)_* \hookrightarrow H_*(\Omega Z\ ;\ \underline{\underline{k}})$$

admet un inverse à gauche (dans la catégorie $\underline{\underline{k}}$ $\underline{\underline{\mathrm{Alg}}}$).

On a donc $A = \mathrm{Coker}\ g \cong \mathrm{Coker}\ (\Omega f)_* = \mathrm{Im}(\Omega j)_*$.

Si l'on sait calculer $\mathrm{Tor}^{A}_{**}(\underline{\underline{k}},\underline{\underline{k}})$, les résultats du chapitre précédent permettent de calculer $\mathrm{Tor}^{H_*(\Omega Z)}_{*,*}(\underline{\underline{k}},\underline{\underline{k}})$, et de décrire la suite spectrale d'Eilenberg-Moore :

$$E^2_{p,q} = \mathrm{Tor}^{H_*(\Omega Z)}_{(p,q)}(\underline{\underline{k}},\underline{\underline{k}}) \Longrightarrow H_{p+q}(Z)$$

on notera que l'espace Z est de catégorie ≤ 2 (au sens de Lusternik-Schinirelman -Ganea). Les propriétés (2.6.11, a et b) de la suite spectrale d'Eilenberg-Moore sont alors un cas particulier du théorème de M. Ginsburg [5] .

<u>(3.2.4) REMARQUE 1</u> :

La suite coexacte du corollaire (3.2.3) est en fait une suite coexacte d'algèbres de Hopf cocommutatives, et $A \cong \mathrm{Im}(\Omega j)_*$ est une sous-algèbre de Hopf de $H_*(\Omega Z;\underline{\underline{k}})$. Ceci justifie la remarque sui suit le lemme (2.4.6).

(3.2.5) REMARQUES 2.

Le corollaire (3.2.3) peut s'interprêter en disant que le foncteur $H_*(\Omega . ; \underline{\underline{k}})$, de la catégorie des espaces topologiques pointés 1-connexes dans la catégorie $\underline{\underline{k}}$ Alg, transforme les suites coexactes (i.e cofibrées) de la forme :

$$\Sigma Y \xrightarrow{f} \Sigma X \longrightarrow Z$$

en suites coexactes d'algèbres. Il est facile de voir que cet énoncé ne s'étend pas aux suites cofibrées quelconques : on considérera par exemple la suite cofibrée :

$$S^2 \longrightarrow \mathbb{C}\mathbb{P}(2) \longrightarrow S^4$$

on notera en revanche que le foncteur $H_*(\Omega . ; \underline{\underline{k}})$ commute aux produits finis et aux coproduits finis. Pour les produits, c'est évident d'après Künneth. L'assertion relative aux coproduits est due à I.Bernstein et T. Ganea, et résulte facilement des techniques de [1] pour les CW-complexes auxquels elles s'appliquent :

Si X et Y sont de tels CW-complexes, il en est de même de X V Y, et l'on peut prendre :

$$A(X \vee Y) = A(X) \amalg A(Y)$$

et donc

$$A(X \vee Y) \boxtimes \underline{\underline{k}} = A(X) \boxtimes \underline{\underline{k}} \amalg (A(Y) \boxtimes \underline{\underline{k}})$$

Le coproduit dans $\underline{\underline{k}}$ D Alg est le coproduit dans $\underline{\underline{k}}$ Alg muni de la différentielle évidente. Il résulte immédiatement de la structure de ces coproduits (cf. ch.5, thm 5.1.4) et du théorème de Künneth que l'homologie :

$$H : \underline{\underline{k}}\ \underline{D\ Alg} \longrightarrow \underline{\underline{k}}\ \underline{Alg}$$

commute aux coproduits. Il vient donc :

$$\begin{array}{ccc}
H_*(\Omega(X \vee Y); \underline{\underline{k}}) & \xleftarrow{\ \cong\ } & H_*(A(X \vee Y) \boxtimes \underline{\underline{k}}) \\
 & & \uparrow \cong \\
 & & H_*(A(X) \boxtimes \underline{\underline{k}} \amalg (A(Y) \boxtimes \underline{\underline{k}})) \\
 & & (\text{Künneth}) \uparrow \cong \\
H_*(\Omega X; \underline{\underline{k}}) \amalg H_*(\Omega Y; \underline{\underline{k}}) & \xleftarrow{\ \cong\ } & H_*(A(X) \boxtimes \underline{\underline{k}}) \amalg H_*(A(Y) \boxtimes \underline{\underline{k}})
\end{array}$$

d'où le résultat. ■

3.3. Une question de finitude en homotopie rationnelle.

(3.3.0) Nous rappelons d'abord quelques définitions indispensables (cf. [9], [13])

Soit G un H-espace connexe. Alors $\pi_*(G)$ est un groupe abélien gradué ($\pi_0(G) = 0$), muni d'un crochet de Lie (crochet de Samelson) tel que l'homomorphisme en Hurewicz :

$$h : \pi_*(G) \longrightarrow H_*(G;\mathbb{Z})$$

soit un morphisme d'anneaux de Lie gradués.

Soit $\underline{\mathcal{C}}$ la catégorie des espaces topologiques pointés simplement connexes. On pose :

$$\forall\ X \in \mathrm{ob}\,\underline{\mathcal{C}},\quad \underline{\pi}(X) = \pi_*(\Omega X) \otimes \mathbb{Q}$$

on définit ainsi un foncteur :

$$\underline{\underline{\pi}} : \underline{\mathcal{C}} \longrightarrow {}_{\mathbb{Q}}\underline{\mathrm{Lie}}$$

D'autre part, $H_*(\Omega X;\mathbb{Q})$ est une algèbre de Hopf cocommutative. On démontre ([9], Appendix) que l'homomorphisme d'algèbres de Lie :

$$h \otimes \mathbb{Q} : \underline{\pi}(X) \longrightarrow H_*(\Omega X;\mathbb{Q})$$

est injectif et a pour image l'algèbre de Lie $PH_*(\Omega X;\mathbb{Q})$ des éléments primitifs. Compte tenu du fait que les foncteurs :

$$P : {}_{\mathbb{Q}}\underline{\mathrm{Hopf}}^c \longrightarrow {}_{\mathbb{Q}}\underline{\mathrm{Lie}}$$

$$U : {}_{\mathbb{Q}}\underline{\mathrm{Lie}} \longrightarrow {}_{\mathbb{Q}}\underline{\mathrm{Hopf}}^c$$

sont quasi-inverses l'un de l'autre, on en déduit l'isomorphisme de foncteurs

$$U \circ \underline{\underline{\pi}} \cong H_*(\Omega\,.\,,\mathbb{Q})$$

on dit qu'une application continue de $\underline{\mathcal{C}}$:

$$f : X \longrightarrow Y$$

est une équivalence d'homotopie rationnelle (e.h.r.) si $\underline{\underline{\pi}}(f)$ est un isomorphisme de $\underline{\mathrm{Lie}}$. D'après le théorème de Whitehead modulo la classe de Serre des groupes de torsion, une application continue f est une e.h.r. ssi :

$$H_*(f) : H_*(X;\mathbb{Q}) \longrightarrow H_*(Y;\mathbb{Q})$$

est un isomorphisme d'espaces vectoriels.

La catégorie d'homotopie rationnelle $\mathbb{Q}\mathcal{C}$ est la catégorie de fractions obtenue en "rendant inversibles" les e.h.r. Les foncteurs $\underline{\pi}$ et $H_*(\Omega.)$ s'étendent par définition à la catégorie $\mathbb{Q}\mathcal{C}$. On dira que deux espaces X et Y de $\mathcal{C}$ ont le même type d'homotopie rationnelle s'ils sont isomorphes dans $\mathbb{Q}\mathcal{C}$.

(3.3.1) L'objet de ce paragraphe est de montrer l'existence de CW-complexes finis Z tels que l'algèbre de Lie $\underline{\pi}(Z)$ ne soit pas de présentation finie. Plus précisément, nous introduisons la définition suivante :

(3.3.1) Définition : On dira qu'un espace Z de $\mathcal{C}$ possède la propriété (Q) (resp.(R)) si les deux conditions suivantes sont satisfaites

a) Z a le type d'homotopie rationnelle d'un CW-complexe fini.

b) L'algèbre de Lie $\underline{\pi}(Z)$ n'admet pas de présentation comportant un nombre fini de générateurs (resp. de relations).

Un premier exemple d'espace possédant la propriété (Q) a été décrit dans [7]. La construction donnée ici en est une généralisation. Elle repose sur trois lemmes :

(3.3.2) LEMME : La condition b) ci-dessus est équivalente à la condition suivante :

b') l'espace vectoriel $Q\, H_*(\Omega Z;\mathbb{Q})$ (resp. $\mathrm{Tor}_{2,*}^{H_*(\Omega Z;\mathbb{Q})}(\mathbb{Q},\mathbb{Q})$)

est de dimension totale infinie.

PREUVE : Ceci résulte immédiatement de l'isomorphisme :

$$U\,\underline{\pi}(Z) \cong H_*(\Omega Z;\mathbb{Q})$$

et des considérations du § 1.3. ∎

(3.3.3). LEMME. Soit

$$(*)\quad T(W) \xrightarrow{q} T(V) \xrightarrow{p} A \longrightarrow \mathbb{Q}$$

une présentation primitive de l'algèbre de Hopf $A \in {}_{\mathbb{Q}}\underline{\mathrm{Hopf}}^c$. Alors on peut trouver des bouquets de sphères (connexes) X et Y et une application continue $f : \Sigma X \longrightarrow \Sigma Y$ tels que :

a) on ait des isomorphismes d'espaces vectoriels gradués
$V \cong \tilde{H}_*(X;\mathbb{Q}) \quad W \cong \tilde{H}_*(Y;\mathbb{Q})$

b) le carré :

$$\begin{array}{ccc} T(W) & \xrightarrow{\quad q \quad} & T(V) \\ \cong \downarrow & & \downarrow \cong \\ H_*(\Omega\Sigma Y;\mathbb{Q}) & \xrightarrow{(\Omega f)_*} & H_*(\Omega\Sigma X;\mathbb{Q}) \end{array}$$

dans lequel les isomorphismes verticaux sont ceux du théorème de Bott-Samelson, soit commutatif.

<u>PREUVE</u> : Choisissons des bases (v_i) et (w_j) de V et W respectivement, et posons :

$$|v_i| = m_i \qquad |w_j| = n_j$$

Prenons

$$X = \bigvee_i S^{m_i} \qquad Y = \bigvee_j S^{n_j}$$

Le choix pour chaque indice i d'un élément non nul de $H_{m_i}(S^{m_i};\mathbb{Q})$ détermine un isomorphisme d'espaces vectoriels :

$$V \xrightarrow{\cong} \tilde{H}_*(X;\mathbb{Q})$$

et par conséquent un isomorphisme d'algèbres :

$$\text{(a)} \qquad T(V) \xrightarrow{\cong} T\,\tilde{H}_*(X;\mathbb{Q}) \xrightarrow{\tilde{\beta}_*} H_*(\Omega\Sigma X;\mathbb{Q})$$

Notons que :

$$\beta_* : H_*(X;\mathbb{Q}) \longrightarrow H_*(\Omega\Sigma X;\mathbb{Q})$$

est un morphisme de coalgèbres, et que la coalgèbre $H_*(X;\mathbb{Q})$ est triviale : ceci montre que $\beta_*\tilde{H}(X;Q) \subset PH_*(\Omega\Sigma X;\mathbb{Q})$ et que (a) est un isomorphisme d'algèbres de <u>Hopf</u>.

Considérons à présent la composée :

$$\varphi : W \hookrightarrow PT(W) \xrightarrow{\quad q \quad} PT(V) \cong PH_*(\Omega\Sigma X;\mathbb{Q}) = \pi_*(\Omega\Sigma X) \otimes \mathbb{Q}$$

Pour chaque indice j, on peut trouver une application continue

$$\gamma_j : S^{n_j} \longrightarrow \Omega\Sigma X$$

et un rationnel r_j tels que :

$$[\gamma_j] \otimes r_j = \varphi\, w_j \in \pi_{n_j}(\Omega\Sigma X) \otimes \mathbb{Q}$$

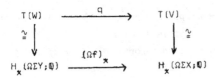

Les applications f_j définissent une application :

$$\tilde{f} : Y = \bigvee_j S^{n_j} \longrightarrow \Omega\Sigma X$$

qui définit par transposition une application :

$$f : \Sigma Y \longrightarrow \Sigma X$$

il est alors clair qu'on peut choisir un isomorphisme d'espaces vectoriels

$$W \xrightarrow{\ \cong\ } \tilde{H}_*(Y;\mathbb{Q})$$

de telle sorte que le diagramme suivant commute :

$$\begin{array}{ccc}
H_*(\Omega\Sigma Y;\mathbb{Q}) & \xrightarrow{(\Omega f)_*} & H_*(\Omega\Sigma X;\mathbb{Q}) \\
\cong \uparrow \tilde{\beta}_* & \nearrow \tilde{f}_* & \uparrow \cong \\
T\,\tilde{H}_*(Y) & & \\
\cong \uparrow & & \\
T(W) & \xrightarrow{\ q\ } & T(V)
\end{array}$$

■

(3.3.4) REMARQUES :

Le lemme précédent peut être considéré comme une réciproque partielle du théorème 3.2.2. Notons que ΣX et ΣY sont des bouquets de sphères (1-connexes) par suite le cône Z de l'application f est un cw-complexe. Nous dirons que Z est un cw-complexe associé à la présentation (*). Les théorèmes (3.2.2) et (2.3.8) nous donnent le résultat suivant :

(3.3.5) PROPOSITION : Soit :

$$(*)\quad T(W) \xrightarrow{\ q\ } T(V) \longrightarrow A \longrightarrow \mathbb{Q}$$

une présentation primitive minimale de l'algèbre de Hopf $A \in {}_{\mathbb{Q}}\text{Hopf}^c$, et soit Z un cw-complexe associé à cette présentation, on a :

$$\forall p \geq 1,\quad \mathrm{Tor}_{p,*}^{H_*(\Omega Z;\mathbb{Q})}(\mathbb{Q},\mathbb{Q}) \cong \mathrm{Tor}_{p,*}^{A}(\mathbb{Q},\mathbb{Q}) \oplus s\,\mathrm{Tor}_{p+2,*}^{A}(\mathbb{Q},\mathbb{Q}) \quad ■$$

(3.3.6) Compte tenu du lemme (3.3.2), on obtiendra un espace satisfaisant à la condition (Q) (resp.R) si l'on peut trouver une algèbre A de présentation finie telle que l'espace vectoriel $\mathrm{Tor}_{3,*}^{A}(\mathbb{Q},\mathbb{Q})$ (resp. $\mathrm{Tor}_{4,*}^{A}(\mathbb{Q},\mathbb{Q})$) soit de dimension totale infinie : en effet, un cw-complexe associé à une présentation finie est fini par construction.

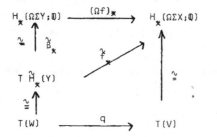

ceci justifie la définition suivante :

(3.3.7) DEFINITION.

Soit n un entier positif. On dira qu'une algèbre connexe A $A \in \underline{\underline{k}}\ \underline{\mathrm{Alg}}$ satisfait la condition (P_n) si l'espace vectoriel gradué $\mathrm{Tor}^{A}_{p,*}(\underline{\underline{k}},\underline{\underline{k}})$ est :

- de dimension totale finie pour $p \neq n$
- de dimension totale infinie pour $p = n$

Nous donnerons au chapitre 5 une construction systématique permettant d'obtenir, pour chaque entier n, des algèbres de Hopf cocommutatives sur $\mathbb{Q}$ satisfaisant la condition (P_n). Les exemples les plus simples satisfaisant (P_3) et (P_4) respectivement semblent être les suivants

(3.3.8) LEMME :

Soient A^3 et A^4 les algèbres définies par les présentations primitives suivantes :

a) $A^3 = \{b,\ a_1,\ a_2,\ a'_1,\ a'_2\ ;\mathfrak{R}^3\}$

où $|b| = p > 0 \quad |a_i| = |a'_i| = q > 0 \quad i = 1,2$

et $\mathfrak{R}^3$ est l'ensemble des relations suivantes :

$$\mathfrak{R}^3 = \left[\begin{array}{l} [b,a_1] = [b,a_2] = [b,a'_1] = [b,a'_2] \\ [a_1,a'_1] = [a_2,a'_1] = [a_1,a'_2] = [a_2,a'_2] = 0 \end{array}\right]$$

b) $A^4 = \{b,a_1,a_2,a'_1,a'_2,a''_1,a''_2\ \ ;\ \mathfrak{R}^4\}$

où $|b| = p > 0 \quad |a_i| = |a'_i| = |a''_i| = q > 0 \quad i = 1,2$

et $\mathfrak{R}^4$ est l'ensemble des relations suivantes :

$$\mathfrak{R}^4 = \left[\begin{array}{l} [b,a_1] = [b,a_2] = [b,a'_i] = [b,a''_i] \\ [a_i,a'_j] = [a_i,a''_j] = [a'_i,a''_j] = 0 \end{array}\right]$$

$$\forall (i,j) \in \{1,2\}^2$$

Alors A^3 vérifie (P_3), A^4 vérifie (P_4) et les présentations ci-dessus sont minimales.

La justification de ces résultats sera donnée au § 5.4.

Notons que la présentation de A^3 comporte 5 générateurs et 7 relations, tandis que la présentation de A^4 comporte 7 générateurs et 17 relations. Nous pouvons donc conclure :

(3.3.9) <u>COROLLAIRE</u> :

Soit Z^3 un cw-complexe associé à la présentation de A^3. Alors Z^3 comporte 12 cellules (de dimension positive) et satisfait la condition (Q).

Soit de même Z^4 un cw-complexe associé à la présentation de A^4. Alors Z^4 comporte 24 cellules et vérifie la condition $(\mathfrak{R})$.

(3.3.10) <u>REMARQUES</u> :

1) - J'ignore si l'on peut trouver des exemples de cw-complexes finis satisfaisant (Q) ou (R) et comportant moins de cellules que Z^3 ou Z^4.

2) - Il est facile de voir que si X satisfait (Q) et Y satisfait (R), alors les espaces XVY et XxY satisfont (Q) et (R)

3) - Soient $\mathfrak{B}^3$ et $\mathfrak{B}^4$ les algèbres différentielles libres associées aux présentations respectives de A^3 et A^4. Ce sont des algèbres différentielles libres de type fini dont l'homologie n'est pas de type fini (resp. de présentation finie).

4) - L'algèbre A^3 est de dimension globale 3. On en déduit, d'après (2.5.3), que l'algèbre $H(\mathfrak{B}^3) \cong H_*(\Omega Z^3;\mathbb{Q})$ est somme directe de A^3 et d'une algèbre libre de type infini :

$$H_*(\Omega Z^3;\mathbb{Q}) \xleftarrow{\cong} A^3 \amalg T(s\,\mathrm{Tor}^{A^3}_{3,*}(\mathbb{Q},\mathbb{Q}))$$

conformément à la théorie générale, les générateurs de cette algèbre libre sont des "produits de Massey modifiés". En fait, dans ce cas, particulier, on peut les identifier à des "triples crochets de Massey" :

$$\omega_i = [b_i, a_1 - a_2, a_1' - a_2'] \ , \ i \in \mathbb{N}$$

avec $b_o = b$, $b_1 = [b,a_1] = [b,a_2] = \ldots$

$$\forall i \geq 0, \ b_{i+1} = [b_i, a_1] = [b_i, a_2] = \ldots$$

Le "triple crochet" est l'opération secondaire, définie dans l'homologie d'une algèbre de Lie différentielle, qui correspond à l'identité de Jacobi - de même que le produit de Massey ordinaire correspond à l'associativité.

3.4 Sur un résultat de D. QUILLEN.

(3.4.0) Au paragraphe précédent, nous avons rappelé la définition du foncteur :

$$\pi : \mathcal{C} \longrightarrow {}_{\mathbb{Q}}\underline{\mathrm{Lie}}$$

D. QUILLEN a montré dans [13] que ce foncteur est surjectif sur les objets, autrement dit, étant donné une algèbre Λ de ${}_{\mathbb{Q}}\underline{\mathrm{Lie}}$, on peut trouver un espace X tel que :

$$\underline{\underline{\pi}}(X) \cong \Lambda$$

ce résultat est une conséquence facile de la théorie fort complexe exposée dans [13] ; nous rappellerons d'ailleurs les grandes lignes de cette théorie au chapitre suivant. Dans ce paragraphe, nous nous proposons de construire explicitement l'espace X dans le cas particulier où gl. dim $\Lambda \leq 2$, sans faire appel à la théorie de QUILLEN.

(3.4.1) Supposons d'abord l'algèbre Λ libre : on a donc $\Lambda \cong L(V)$, où V est un $\mathbb{Q}$-espace vectoriel gradué, nul en degré zéro. Soit (v_i) une base de V, et soit n_i le degré de v_i $(n_i \geq 1)$. Je dis que :

$$\underline{\underline{\pi}}\left(\bigvee_i S^{n_i+1}\right) \cong L(V)$$

En effet, le théorème de Bott et Samelson montre que l'algèbre de Hopf $H_*(\Omega \bigvee_i S^{n_i+1} ; \mathbb{Q})$ est isomorphe à l'algèbre tensorielle primitivement engendrée par V ; on conclut par l'isomorphisme de Milnor-Moore :

$$\underline{\underline{\pi}}\left(\bigvee_i S^{n_i+1}\right) \xrightarrow{\ \cong\ } PH_*\left(\Omega \bigvee_i S^{n_i+1} ; Q\right) \cong PT(V) = L(V)$$

Par suite, il existe une solution qui est un bouquet de sphères dans le cas où Λ est libre (i.e. gl. dim $\Lambda \leq 1$). De plus, il est facile de voir que cette solution est unique à équivalence d'homotopie rationnelle près : soit X un espace tel que $\underline{\underline{\pi}}(X) \cong \Lambda$, soit v_i' l'élément de $\pi(\Omega X) \otimes \mathbb{Q} = \underline{\underline{\pi}}(X)$ qui correspond à v_i dans cet isomorphisme, et soit enfin :

$$f_i : S^{n_i} \longrightarrow X$$

une application telle qu'il existe un rationnel r_i avec :

$$[f_i] \otimes r_i = v_i'$$

(i.e une application qui "représente" la classe d'homotopie rationnelle v_i')

Alors les applications $f_i : S^{n_i+1} \longrightarrow X$ (adjointe de $\tilde{f}_i$) définissent une application :

$$f : \bigvee_i S^{n_i+1} \longrightarrow X$$

qui induit un isomorphisme en homotopie rationnelle.

(3.4.2) Supposons maintenant quelconque, et soit

$$(\ast) \quad L(W) \xrightarrow{\ q\ } L(V) \xrightarrow{\ p\ } \Lambda \longrightarrow 0$$

une présentation minimale de Λ . Rappelons (cf. § 1.3) que la donnée d'une telle présentation équivaut à celle d'une présentation primitive minimale de l'algèbre de Hopf cocommutative $A = U\Lambda$.

Les résultats du § 3.3 montrent que tout cw-complexe associé à $(\ast)$ est une une solution du problème considéré, lorsque gl. dim $\Lambda \leq 2$.

En effet, soit Z un cw-complexe associé à $(\ast)$.

Rappelons que $Z = \Sigma X \cup_f C\,\Sigma Y$, où ΣX et ΣY sont des bouquets de sphères tels que $\tilde{H}_\ast(X;\mathbb{Q}) \cong V$, $\tilde{H}_\ast(Y;\mathbb{Q}) = W$.

Soit $j : \Sigma X \longrightarrow Z$ l'inclusion. Le diagramme suivant :

$$\begin{array}{ccc}
H_\ast(\Omega\Sigma X) & \xrightarrow{(\Omega_j)_\ast} & H_\ast(\Omega Z) \\
\cong\big\uparrow \beta_\ast & & \big\uparrow \sigma \\
T(V) & \xrightarrow{\ Up\ } & A = U\Lambda
\end{array}$$

est un carré commutatif d'algèbres, et $(\Omega_j)_\ast$, $\tilde{\beta}_\ast$, Up sont des morphismes d'algèbres de Hopf ; de plus $\tilde{\beta}_\ast$ est bijectif, Up surjectif et σ injectif. On en déduit que σ **est un** morphisme d'algèbres de Hopf, et que l'image de $(\Omega_j)_\ast$ est isomorphe à A comme algèbre de Hopf.

D'après le théorème (2.3.8), si gl. dim $\Lambda < 2$, l'homomorphisme σ induit un isomorphisme sur $\mathrm{Tor}_p(\mathbb{Q},\mathbb{Q})$ pour tout p : c'est donc un isomorphisme d'algèbres et donc d'algèbres de Hopf. Appliquant une nouvelle fois le théorème de Milnor-Moore, nous pouvons conclure :

(3.4.3) <u>PROPOSITION</u> : Soit Λ une algèbre de Lie de $_{\mathbb{Q}}$<u>Lie</u>, de dimension globale inférieure ou égale à deux, et **soit** Z un cw-complexe associé à une présentation minimale de Λ . Alors on a un isomorphisme d'algèbres de Lie :

$$\underline{\underline{\pi}}(Z) \cong \Lambda$$

(3.4.4) <u>REMARQUE</u> :

Dans le cas où Λ est libre, i.e. gl. dim $\Lambda \leq 1$, il existe un espace X de catégorie ≤ 1 (au sens de Lusternik-Schnirelman-Ganea), tel que $\underline{\underline{\pi}}(X) \cong \Lambda$. De même si gl. dim. $\Lambda \leq 2$, l'espace X obtenu par le procédé qui vient d'être décrit est de catégorie ≤ 2. Nous généraliserons ce résultat au chapitre suivant (Prop. (4.4.8)), en utilisant cette fois la théorie de QUILLEN.

CHAPITRE 4. SUR CERTAINES ALGEBRES DIFFERENTIELLES LIBRES

Ce chapitre représente une tentative de généralisation des résultats du chapitre 2... Rappelons que nous identifions la catégorie $\underline{\underline{k}}$ Alg à la sous-catégorie pleine de $\underline{\underline{k}}$ DAlg des algèbres à différentielle nulle.

4.1. Modèles différentiels libres.

(4.1.1) DEFINITION. Soit A une algèbre de $\underline{\underline{k}}$ Alg graduée connexe sur le corps $\underline{\underline{k}}$. Un modèle différentiel libre pour A est la donnée d'une algèbre différentielle libre $\mathfrak{A}$ de $\underline{\underline{k}}$ DAlg et d'un homomorphisme d'algèbres différentielles :

$$\rho : \mathfrak{A} \longrightarrow A$$

qui induit un isomorphisme en homologie.

(4.1.2) EXEMPLES.

1) Si A est libre, le couple (A, id_A) est évidemment un modèle différentiel libre pour A.

2) Reprenons les notations du paragraphe 2.3 ; soit $\mathfrak{B}(S)$ l'algèbre différentielle libre de longueur 2 associée à une présentation minimale (S) de A.

Soit : $$\rho : \mathfrak{B} \longrightarrow A$$

Le morphisme différentiel défini en (2.3.3). Alors si gl. dim. A $\leq$ 2, le couple $(\mathfrak{B}, \rho)$ est un modèle différentiel libre pour A.

3) Soit $\underline{\underline{k}}$ DCoalg la catégorie des $\underline{\underline{k}}$-coalgèbres différentielles graduées simplement connexes (i.e. si C est un objet de $\underline{\underline{k}}$ DCoalg, on a $C_0 = \underline{\underline{k}}$ et $C_1 = 0$).

Rappelons quelques résultats plus ou moins classiques(cf. [10]) :

- la bar-construction peut être considérée comme un foncteur :

$$\mathbb{B} : \underline{\underline{k}}^D\underline{Alg} \longrightarrow \underline{\underline{k}}^D\text{Coalg}$$

et la cobar-construction comme un foncteur :

$$\Omega : \underline{\underline{k}}^D\underline{\text{Coalg}} \longrightarrow \underline{\underline{k}}^D\underline{Alg}$$

On démontre que Ω est un adjoint à gauche de $\mathbb{B}$; de plus, le morphisme d'adjonction :

$$\alpha : \Omega B \mathfrak{A} \longrightarrow \mathfrak{A}$$

induit un isomorphisme en homologie. Dans ces conditions, si A est une algèbre non différentielle, le couple $(\Omega \mathbb{B} A, \alpha)$ est un modèle différentiel pour A, que nous appellerons canonique.

4) Reprenons l'algèbre différentielle $\mathfrak{B}$ définie au n°(3.1.3). Posons $x_i = x_{\{i\}}$ pour abréger ; soit A l'algèbre de polynômes sur les x_i, c'est-à-dire :

$$A = P(x_1, \dots, x_m) = T(x_1) \otimes T(x_2) \otimes \dots \otimes T(x_m)$$

Définissons un morphisme d'algèbres

$$\rho : \mathfrak{B} \longrightarrow A$$

par $\rho\, x_i = x_i$, $\rho\, x_J = 0$ si card $J > 2$

Alors le morphisme ρ est différentiel, et le couple $(\mathfrak{B}, \rho)$ est un modèle différentiel libre pour A. Nous reviendrons sur cet exemple plus loin.

(4.1.3) Soit A une algèbre graduée connexe, et soit $(\mathfrak{A}, \rho)$ un modèle différentiel pour A. On a donc $\mathfrak{A}^{\neq} = T(U)$ où U est un espace vectoriel gradué, nul en degré zéro. Au paragraphe 2.1, nous avons posé :

$$\hat{U} = \underline{\underline{k}} \oplus s$$

et nous avons défini une différentielle $\hat{\partial}'$ telle que :

$$H(\hat{U}, \hat{\partial}') = \mathrm{Tor}_*^{\mathfrak{A}}(\underline{\underline{k}}, \underline{\underline{k}})$$

A présent ρ induit un isomorphisme en homologie, et par suite un isomorphisme sur le Tor différentiel ; il vient donc :

$$H(\hat{U}, \hat{\partial}') = \mathrm{Tor}_*^{\mathfrak{A}}(\underline{\underline{k}}, \underline{\underline{k}}) \xrightarrow{\rho_*} \mathrm{Tor}_*^{A}(\underline{\underline{k}}, \underline{\underline{k}}) = \mathrm{Tot}_* \mathrm{Tor}_{*,*}^{A}(\underline{\underline{k}}, \underline{\underline{k}})$$

(4.1.4) DEFINITION : Un modèle différentiel libre $(\mathfrak{A},\rho)$ pour l'algèbre $A \in \underline{k}$ Alg sera dit minimal si $\bar{d}' = 0$.

Pour un modèle minimal on a donc :

$$\hat{U} \cong \mathrm{Tot}_* \mathrm{Tor}^A_{*,*}(\underline{k},\underline{k})$$

On vérifie facilement que les exemples 1.2 et 4 du n° (4.1.2) sont des modèles minimaux.

(4.1.5) La donnée d'un modèle différentiel libre pour A détermine donc l'homologie - à coefficients triviaux $\underline{k}$ - de l'algèbre connexe A. De fait, on peut préciser la relation entre les notions de modèle différentiel libre et de résolution A-projective de $\underline{k}$: soit $(\mathfrak{A},\rho)$ un modèle (différentiel libre) pour A avec $\mathfrak{A}^\# = T(U)$, soit :

$E\mathfrak{A} = \mathfrak{A} \otimes \hat{U}$ la construction d'Adams-Hilton pour $\mathfrak{A}$, et soit enfin F_*U une filtration admissible de U. Cette filtration détermine une filtration de $E\mathfrak{A}$, et d'après (2.2.5) la suite spectrale correspondante vérifie :

$$E^1_{p,*} = H\mathfrak{A} \otimes E^0_{p,*}\hat{U} \xrightarrow{\ \cong\ } A \otimes E^0_{p,*}\hat{U}$$

$$E^\infty_{*,*} = \underline{k}$$

cette suite spectrale peut être considérée comme une généralisation d'une résolution A-projective de $\underline{k}$; ceci justifie la définition suivante :

(4.1.6) <u>DEFINITION</u> : Soit $(\mathfrak{A},\rho)$ un modèle différentiel libre pour A, et soit F_*U une filtration admissible. On dira que cette filtration est <u>résolvante</u> si la suite spectrale de la construction d'Adams-Hilton vérifie $E^2 = E^\infty$.

Dans ce cas, la suite $(E^1_{*,*},d^1)$ est une résolution A-projective de $\underline{k}$. D'après (2.2.8), si de plus $(\mathfrak{A},\rho)$ est un modèle minimal, cette résolution est minimale. Nous pouvons donc conclure :

(4.1.7) <u>PROPOSITION</u> : Soit $(\mathfrak{A},\rho)$ un modèle différentiel libre minimal pour A, avec $\mathfrak{A} = T(U)$, et soit F_*U une filtration résolvante. Alors on a :

$$\forall p \geq 0 \quad E^0_{p,*}\hat{U} \cong \mathrm{Tor}^A_{p,*}(\underline{k},\underline{k})$$

(4.1.8) EXEMPLES :

a) Un calcul direct montre facilement que la filtration "par le nombre de barres" de $\mathbb{B}A$ est une filtration admissible résolvante pour le modèle canonique $\Omega\mathbb{B}A$: la suite des termes E^1 n'est autre dans ce cas que la résolution canonique (bar-résolution) de $\underline{k}$ comme A-module.

b) De même, dans l'exemple 4) du n°(4.1.2), la filtration de $\mathfrak{B}$ définie par :

$$x_J \in F_p\mathfrak{B} \Leftrightarrow \text{card } J \leqslant p$$

est admissible et résolvante : la suite des termes E^1 est la résolution minimale standard de $\underline{k}$ comme $P(x_1,\ldots,x_m)$-module.

4.2. Construction de modèles minimaux.

Etant donné une algèbre A de $\underline{k}$ $\underline{\text{Alg}}$, nous nous proposons de construire un modèle minimal pour A, équipé d'une filtration résolvante.

(4.2.1) Nous introduisons les notations suivantes :

$$\mathfrak{A}^0 = \underline{k} \qquad \rho^0 = \eta : \underline{k} \longrightarrow A$$

$$Q^1 = QA$$

$$\mathfrak{A}^1 = T(Q^1)$$

Soit $Q^1 \longrightarrow \bar{A}$ une section de la surjection canonique : elle définit un morphisme d'algèbres, que nous désignons par ρ^1 :

$$\rho^1 : \mathfrak{A}^1 = T(Q^1) \longrightarrow A$$

et nous considérons ce morphisme comme différentiel.

(4.2.2) Supposons que nous ayons défini, pour $n \geqslant 1$, l'algèbre différentielle $\mathfrak{A}^n$ et le morphisme différentiel $\rho^n : \mathfrak{A}^n \longrightarrow A$.

Nous posons :

$$A^n = H(\mathfrak{a}^n)$$

$$J^n = (\rho^n_*)^{-1}(0) \subset A^n$$

$$Q^{n+1} = QJ^n = \underline{\underline{k}} \otimes_{A^n} J^n \otimes_{A^n} \underline{\underline{k}}$$

Nous choisissons une section :

$$Q^{n+1} = QJ^{n+1} \longrightarrow J^n$$

de la surjection canonique, puis un relèvement de cette section aux cycles de $\mathfrak{a}^n$:

$$Q^{n+1} \longrightarrow Z\mathfrak{a}^n \subset \mathfrak{a}^n$$

cette dernière application définit un morphisme d'algèbres différentielles :

$$q^{n+1} : T(Q^{n+1}) \longrightarrow \mathfrak{a}^n$$

où $T(Q^{n+1})$ est munie de la différentielle nulle. Nous définissons alors $\mathfrak{a}^{n+1}$ et ρ^{n+1} par le diagramme :

(*)

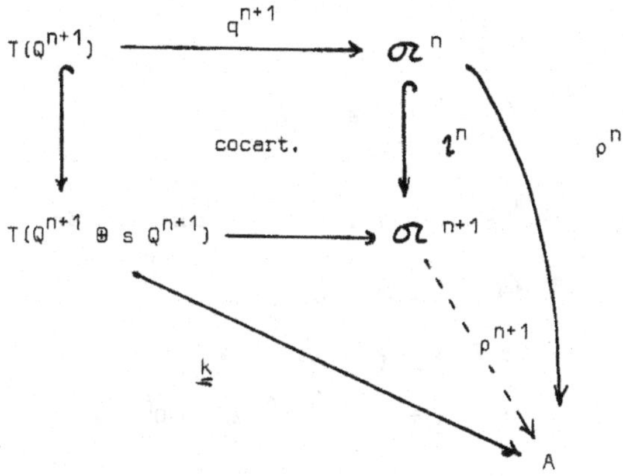

dans lequel le carré intérieur est cocartésien, $\underline{\underline{k}}$ désigne comme d'habitude l'application nulle de $\underline{\underline{k}}$ $\underline{\text{DAlg}}$, et la différentielle sur $T(Q^{n+1} \oplus s\, Q^{n+1})$ est définie par :

$$d \mid Q^{n+1} = 0$$

$$d \mid s\, Q^{n+1} : \quad s\, Q^{n+1} \xrightarrow[(-1)]{\cong} Q^{n+1} \hookrightarrow T(Q^{n+1} \oplus s\, Q^{n+1})$$

(4.2.3) Nous avons ainsi défini par récurrence une suite d'algèbres différentielles $\mathfrak{A}^n$, d'inclusions ι^n et de morphismes différentiels ρ^n, tels que l'on ait le diagramme commutatif :

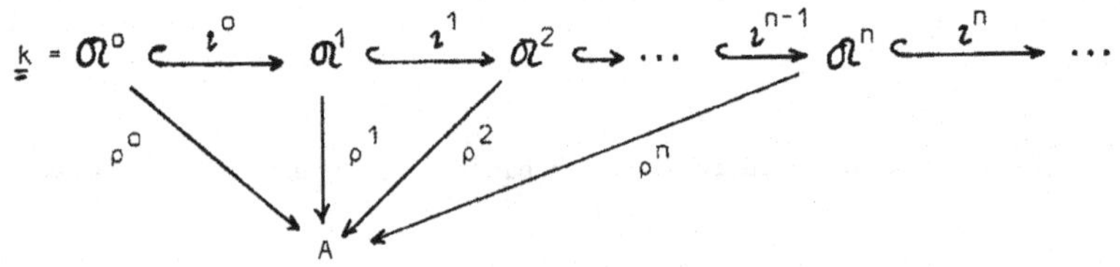

Nous posons

$$U^0 = 0$$

$$U^1 = Q^1$$

$$\forall n > 2 \qquad U^n = Q^1 \oplus \left[\bigoplus_{p=2}^{n} s\, Q^p \right]$$

de sorte que $(\mathfrak{A}^n)^{\#} = T(U^n)$, $n \geqslant 0$ et nous posons enfin

$$\mathfrak{A} = \varinjlim \mathfrak{A}^n$$

$$\rho = \varinjlim \rho^n : \mathfrak{A} \longrightarrow A$$

$$U = \varinjlim U^n = Q^1 \oplus \left[\bigoplus_{p=2}^{\infty} s\, Q^p \right]$$

Dans ces conditions, on a le :

(4.2.4) <u>THEOREME</u> : On a les propriétés suivantes :

(i) $(\mathfrak{A},\rho)$ est un modèle différentiel libre pour A.

(ii) la filtration de U par les U^n est la filtration admissible la moins fine, et $(\mathfrak{A},\rho)$ est un modèle minimal.

(iii) la filtration de U par les U^n est résolvante.

(4.2.5) <u>COROLLAIRE</u> : Pour $p \geqslant 2$, on a un isomorphisme :

$$Q^p \cong s^{p-2}\,\mathrm{Tor}_p^A(\underline{k},\underline{k})$$

<u>Preuve du corollaire</u> :

Par construction, on a $E^0_{p,*}\,\hat{U} = s^{2-p}\,Q^p, \quad p \geqslant 2$

comme $(\mathfrak{A},\rho)$ est minimal et muni d'une filtration résolvante, l'isomorphisme résulte de (4.1.7).∎ Remarquons qu'on a :

$$Q^1 = \mathrm{Tor}_1^A(\underline{k},\underline{k})$$

par définition,

$$Q^2 = \mathrm{Tor}_2^A(\underline{k},\underline{k})$$

d'après le § 1.2, et :

$$Q^3 = s\,\mathrm{Tor}_3^A(\underline{k},\underline{k})$$

d'après le théorème (2.3.7) : en effet $\mathfrak{A}^2$ est une algèbre libre associée à une présentation minimale de A, et la suite exacte (1.2.1), compte tenu du fait que $\rho^2_* : A^2 \longrightarrow A$ admet une section, nous donne :

$$0 \longrightarrow Q^3 \longrightarrow Q\,A^2 \underset{\longleftarrow}{\overset{Q\rho^2_*}{\longrightarrow}} QA \longrightarrow 0$$

La démonstration du théorème (4.2.4) se fait en plusieurs étapes :

(4.2.6) LEMME. Le morphisme :

$$\rho_*^n : A^n \longrightarrow A$$

est surjectif pour $n \geqslant 1$ et admet un inverse à droite dans <u>k Alg</u> pour $n \geq 2$.

PREUVE.

ρ_*^1 est surjectif par construction, et l'assertion pour ρ_*^2 a été démontré au § 2.3, ainsi qu'il vient d'être remarqué. Supposons le lemme établi pour $2 \leq n \leq n_o$. Par définition de Q^{n_o+1}, la suite :

$$T(Q^{n_o+1}) \xrightarrow{q_*^{n_o+1}} A^{n_o} \xrightarrow{\rho_*^{n_o}} A \longrightarrow \underline{k}$$

est coexacte : $\rho_*^{n_o}$ est donc un conoyau de $q_*^{n_o+1}$. Le diagramme (4.2.2 *) devient en homologie :

(**)

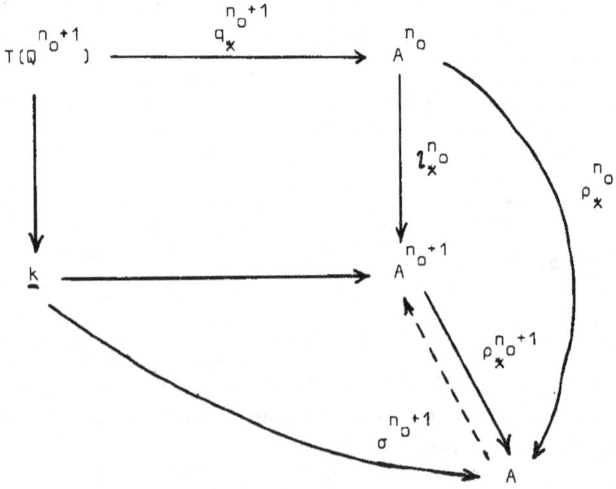

Le carré extérieur est cette fois cocartésien : on en déduit l'existence de $\ ^{n_o+1}$ tel que

$$\sigma^{n_o+1} \circ \rho_*^{n_o} = \iota_*^{n_o+1}$$

d'où

$$\rho_*^{n_o+1} \circ \sigma^{n_o+1} = A$$

car $\rho_*^{n_o}$ est surjectif. On obtient de plus la factorisation :

$$\imath_*^{n_o+1} = \sigma^{n_o+1} \circ \rho_*^{n_o}$$ en épimorphisme suivi d'un monomorphisme.

(4.2.7) LEMME [(1)] : Pour tout $n \geqslant 0$,

$$\rho_p^n : (A^n)_p \longrightarrow A_p$$

est un isomorphisme pour les degrés $p \leqslant n$.

PREUVE : par récurrence sur n. Notons d'abord que la surjection :

$$A_1 \longrightarrow (QA)_1$$

est un isomorphisme car A est connexe. Il en résulte que $\rho_*^1 = \rho^1$ est un isomorphisme en degrés 0 et 1. Supposons le lemme établi pour $n \leqslant n_o$.

On a donc :

$$\forall p \leqslant n_o, \quad J_p^{n_o} = 0 = Q_p^{n_o+1}$$

et la projection $J_{n_o+1}^{n_o} \xrightarrow{=} Q_{n_o+1}^{n_o+1}$ est l'identité. Par définition, on a

$$(\mathfrak{a}^{n_o+1})^\# = (\mathfrak{a}^{n_o})^\# \amalg T(s\, Q^{n_o+1})$$

de sorte que l'inclusion :

$$\imath^{n_o} : \mathfrak{a}^{n_o} \hookrightarrow \mathfrak{a}^{n_o+1}$$

est l'identité en degrés $\leqslant n_o+1$, et que l'on a de plus le diagramme commutatif :

---

(1) Cet énoncé m'a été suggéré par H. Cartan.

$$
\begin{array}{ccc}
\mathfrak{A}^{n_0+1}_{n_0+2} & = \mathfrak{A}^{n_0}_{n_0+2} \oplus & Q^{n_0+1}_{n_0+1} \\
\downarrow d & \swarrow (d,\ q^{n_0+1}) & \\
\mathfrak{A}^{n_0+1}_{n_0+1} & = \mathfrak{A}^{n_0}_{n_0+1} &
\end{array}
$$

Le lemme résulte alors de la contemplation du diagramme commutatif suivant, dans lequel les lignes et les colonnes sont exactes :

$$
\begin{array}{ccccccccc}
 & & & & & & 0 & & \\
 & & & & & & \downarrow & & \\
0 & \longrightarrow & \mathfrak{A}^{n_0}_{n_0+2} & \hookrightarrow & \mathfrak{A}^{n_0}_{n_0+2} \oplus Q^{n_0+1}_{n_0+1} & \twoheadrightarrow & Q^{n_0+1}_{n_0+1} & \longrightarrow & 0 \\
 & & \| & & \downarrow (d,\ q^{n_0+1}) & & \downarrow & & \\
0 & \longrightarrow & \mathfrak{A}^{n_0}_{n_0+2} & \xrightarrow{d} & Z_{n_0+1}\mathfrak{A}^{n_0} & \twoheadrightarrow & A^{n_0}_{n_0+1} & \longrightarrow & 0 \\
 & & & & \downarrow & & \downarrow \rho^{n_0}_{*} & & \\
 & & & & A^{n_0+1}_{n_0+1} & \xrightarrow[\sim]{\rho^{n_0+1}_{*}} & A_{n_0+1} & & \\
 & & & & \downarrow & & \downarrow & & \\
 & & & & 0 & & 0 & &
\end{array}
$$

■

(4.2.8) <u>Démonstration de 4.2.3 (i)</u> :

D'après le lemme précédent, $\iota^n : \mathfrak{A}^n \hookrightarrow \mathfrak{A}^{n+1}$ est l'identité en degrés $\leqslant n+1$, et ρ^n_* est un isomorphisme en degrés $\leqslant n$. Le diagramme commutatif :

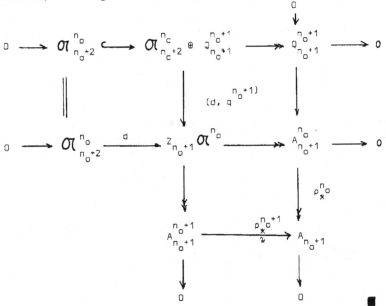

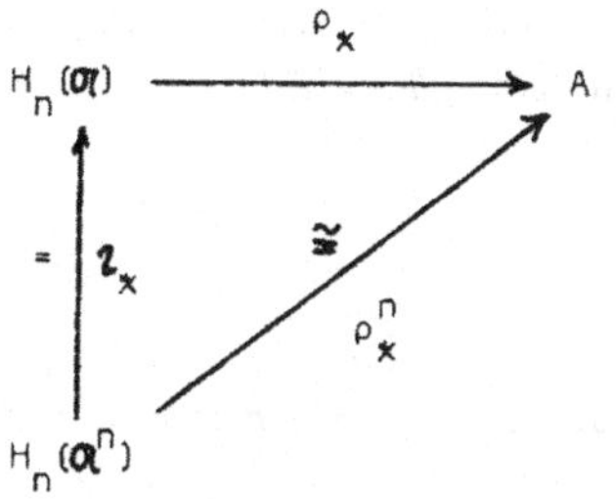

montre que $\rho_* : H\mathfrak{A} \longrightarrow A$ est un isomorphisme en chaque degré.

(4.2.9) Démonstration de (ii) :

La filtration de U par les U^n est admissible par construction ; montrons d'abord que c'est la filtration admissible la moins fine. Soit a^n, $n \geqslant 2$, un élément de s $Q^n \in U$. Alors da^n est un cycle de $\mathfrak{A}^{n-1}$ qui n'est pas un bord dans $\mathfrak{A}^{n-1}$. Il s'agit de montrer que $da^n \notin \mathfrak{A}^{n-2}$. En effet, on a le diagramme commutatif suivant :

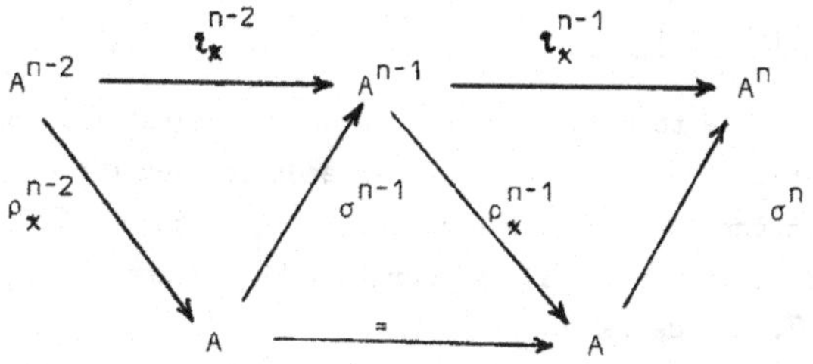

Si $da^n \in \mathfrak{A}^{n-2}$, on a

$$0 \neq \overline{da^n} \in A^{n-1}$$

et

$$\iota_*^{n-1} \quad \iota_*^{n-2} \quad \overline{da^n} = 0 \in A^n$$

mais de la commutativité du diagramme et de l'injectivité de σ^n, on tire :

$$\rho_*^{n-2} \quad \overline{da}^n = 0 = \iota_*^{n-2} \ \overline{da}^n$$

de sorte que l'on aurait $da^n = 0 \in A^{n-1}$, ce qui est impossible.

Montrons ensuite que $(\mathfrak{A},\rho)$ est un modèle minimal. Soit a^n un élément générateur de $\mathfrak{A}^n$ comme ci-dessus. On peut écrire :

$$da^n = a' + m \in \mathfrak{A}^{n-1}$$

où $a' \in U^{n-1}$ et $m \in \overline{\mathfrak{A}}^{n-1}.\overline{\mathfrak{A}}^{n-1}$.

Il s'agit de montrer que $a' = 0$. Ceci est clair pour $n = 1$ et $n = 2$, supposons donc $n \geq 3$.

On a :

$$dda^n = 0 = da' + dm$$

Supposons $a' \neq 0$. L'élément da' est un cycle de $\mathfrak{A}^{n-2}$ qui n'est pas un bord dans $\mathfrak{A}^{n-2}$, et sa classe dans A^{n-2} est par construction un élément indécomposable de l'idéal $J^{n-2} \subset A^{n-2}$. Mais ceci est impossible, car $\overline{dm} = \overline{da'}$ est aussi un élément non nul de J^{n-2}, qui est décomposable dans J^{n-2} car m est décomposable dans $\mathfrak{A}^{n-1}$. On a donc $a' = 0$. ■

(4.2.10) Démonstration de (iii) :

Nous utilisons la technique de "changement de degré" introduite au § 2.6. Soit λ un entier impair, et $_{\lambda}A$ la λ-graduation sur Tot A. De manière évidente, on définit par récurrence une graduation $_{(\lambda)}\mathfrak{A}$ sur Tot$\mathfrak{A}$ telle que $_{(\lambda)}\mathfrak{A}$ soit un modèle différentiel libre pour $_{(\lambda)}A$. Le (λ)-degré d'un élément quelconque m de $_{(\lambda)}\mathfrak{A}$ est de la forme

$$_{(\lambda)}|\, m \,| = q\lambda + \tau$$

L'entier $\tau = e(m)$ est appelé dans ce qui suit l'excès de l'élément m : cet excès ne dépend que de l'expression de m en fonction des générateurs de $\mathfrak{A}$. Notons qu'on a :

$$\forall m\ \forall m' \ , \quad e(mm') = e(m) + e(m')$$

La (λ)-graduation s'étend évidemment à la construction d'Adams-Hilton sur $\mathfrak{A}$ ainsi qu'à la suite spectrale correspondante, et on peut parler de l'excès d'un élément d'un terme de cette suite spectrale.

Nous voulons montrer que cette suite spectrale est triviale, i.e. $\forall r \geq 2$, $d^r = 0$.

Je dis qu'il suffit pour cela d'établir que, pour tout $p \geq 0$, les éléments de $E^0_{p,*} \hat{U}$ sont d'excès nul (sur le degré complémentaire).

En effet, tout élément de :

$$E^1_{p,*} = A \otimes E^0_{p,*} \hat{U}$$

sera alors d'excès nul, et de même pour tout élément de $E^r_{p,*}$, $r \geqslant 1$ qui est un sous-quotient de $E^1_{p,*}$. Comme d^r augmente l'excès de $r-1$, on a $d^r = 0$ si $r \neq 1$, d'où le résultat.

A présent, on montre aisèment par récurrence que l'excès d'un élément de $E^0_{p,*} \hat{U}$ est positif ou nul, et ceci pour tout p.

En effet, on a : $\forall p \geq 0$, $E^0_{p,*} = s^{1-p}(U^p/U^{p-1})$

Comme $E^0_{1,*} \hat{U} = Q^1 = QA$, les éléments de $E^0_{1,*}\hat{U}$ sont d'excès nul.

Si $p > 2$ et a^p est un générateur de $\mathfrak{a}^p$ dans $s\,Q^p = U^p/U^{p-1}$, sa différentielle est un élément de $\mathfrak{a}^{p-1}$ qui n'est pas dans $\mathfrak{a}^{p-2}$, donc qui fait intervenir des générateurs de U^{p-1}/U^{p-2} dans son expression : on a donc :

$$e(a^p) \geq \inf_{a^{p-1} \in U^{p-1}/U^{p-2}} (e(a^{p-1})) + 1$$

d'où par récurrence :

$$e(a^p) \geq p-1$$

et le résultat annoncé. Supposons qu'il existe un indice p_0 tel que $E^p_{p_0,*}\hat{U}$ contienne un élément non nul $\bar{a}$ d'excès strictement positif : on peut supposer de plus que p_0 est le plus petit indice ayant cette propriété, et on notera que $p_0 > 3$ d'après la remarque qui suit le corollaire (4.2.5). Comme p_0 est minimal, on a :

$$\forall r \geqslant 1 \qquad e(d^r(1 \otimes \bar{a})) = 0$$

Comme d^r augmente l'excès de r-1, on en déduit qu'on a :

$\forall r \geq 1$, $e(a) = 1-r$ ou $d^r(1 \otimes \bar{a}) = 0$

mais d'après l'hypothèse faite sur $\bar{a}$, on a $e(\bar{a}) > 0$, d'où $r < 1$. On en conclut que $d^r(1 \otimes \bar{a}) = 0$ pour tout r, c'est-à-dire que $1 \otimes \bar{a}$ est un cycle permanent. Comme $E^{\infty}_{p_0,*} = 0$, c'est donc que $1 \otimes \bar{a}$ est un r-bord pour un certain r.

Or ceci est impossible : la différentielle d^r est en effet induite par la différentielle de la construction $E\mathfrak{A} = \mathfrak{A} \otimes \hat{U}$ qui est donnée par :

$\forall m \in \mathfrak{A}$, $\forall$ $a \in U$, $d(m \otimes \hat{a}) = (-1)^m \left[m\, a \otimes 1 - m.s\,(d\,a \otimes 1)\right]$

Comme $\mathfrak{A}$ est un modèle minimal, da est décomposable, et par suite $1 \otimes \bar{a}$ ne peut être un r-bord. On en conclut que p_0 n'existe pas, ce qui achève la démonstration du théorème (4.2.4). ∎

REMARQUE :

(4.2.11) Supposons que l'algèbre A soit de dimension globale n. On a alors $\forall p > n$ $\quad Q^p = s^{p-2}\,\mathrm{Tor}^A_p(\underline{\underline{k}},\underline{\underline{k}}) = 0$ de sorte que $\mathfrak{A}^n = \mathfrak{A}$.

Nous pouvons donc conclure :

PROPOSITION (4.2.11) Si l'algèbre A est de dimension globale n, elle admet un modèle différentiel libre (minimal) de longueur n. ∎

(4.2.12) Nous concluons ce paragraphe par une généralisation du théorème 2.3.8 aux algèbres $A^n = H\mathfrak{A}^n$ pour $n > 2$. Rappelons d'abord que l'homomorphisme $\rho^n_* : A^n \longrightarrow A$ admet un inverse à droite σ^n. Nous pouvons alors énoncer :

PROPOSITION (4.2.12) : Pour tout $n > 2$, on a les suites exactes (scindées) :

$$\forall p \geq 1 \quad 0 \rightarrow s^{n-1}\,\mathrm{Tor}^A_{p+n,*}(\underline{\underline{k}},\underline{\underline{k}}) \longrightarrow \mathrm{Tor}^{A^n}_{p,*}(\underline{\underline{k}},\underline{\underline{k}}) \underset{\mathrm{tor}^{\sigma^n}}{\overset{\mathrm{tor}^{\rho^n_*}}{\rightleftarrows}} \mathrm{Tor}^A_{p,*}(\underline{\underline{k}},\underline{\underline{k}}) \rightarrow 0$$

Preuve : Pour $n = 2$, on retrouve le théorème (2.3.8), compte tenu du fait que $\mathfrak{A}^2$ est une algèbre libre associée à une présentation minimale de A.

Supposons n > 2, considérons la construction d'Adams-Hilton $E\mathfrak{a}^n$ pour l'algèbre $\mathfrak{a}^n$, et soit ${}^nE^r$ la suite spectrale correspondante. Les inclusions $\iota^{m,n}$: $\mathfrak{a}^m \hookrightarrow \mathfrak{a}^n$, $m \leq n$, déterminent des inclusions :

$$\iota^{m,n} : E\mathfrak{a}^m \hookrightarrow E\mathfrak{a}^n$$

compatibles avec les filtrations, qui donnent par conséquent lieu à des morphismes de suites spectrales. On a de même l'inclusion :

$$\iota : \mathfrak{a}^n \hookrightarrow \mathfrak{a}$$

qui induit un morphisme de suites spectrales :

$$\iota : {}^nE^r \longrightarrow E^r$$

La suite spectrale ${}^nE$ vérifie, d'après (2.2.5) et (4.2.4) :

$\forall p \leq n$, ${}^nE^1_{p,*} \cong A^n \otimes \mathrm{Tor}^A_p(\underline{k},\underline{k})$

(isomorphisme de A^n-modules)

$\forall p > n$, ${}^nE^1_{p,*} = 0$

et pour $p \leq m \leq n$, on a le diagramme commutatif :

$$\begin{array}{ccc}
{}^mE^1_{p,*} & \cong & A^m \otimes \mathrm{Tor}^A_p(\underline{k},\underline{k}) \\
\downarrow \iota^{m,n} & & \downarrow \iota^{m,n}_* \otimes \mathrm{id} \\
{}^nE^1_{p,*} & \cong & A^n \otimes \mathrm{Tor}^A_p(\underline{k},\underline{k}) \\
\downarrow \iota & & \downarrow \iota_* \otimes \mathrm{id} \\
E^1_{p,*} & \cong & A \otimes \mathrm{Tor}^A_p(\underline{k},\underline{k})
\end{array}$$

On vérifie aisément, en utilisant les résultats du § 2.2, que l'on a l'isomorphisme de A^n-modules à gauche :

$${}^nE^2_{o,*} \cong A^n \otimes_A \underline{k}$$

où l'action de A sur A^n (à droite), est définie par $\sigma^n : A \longrightarrow A^n$,
et enfin :

$$\forall p \leq n \, , \quad {}^n d^1_{p,*} \cong A^n \otimes_A d^1_{p,*}$$

Comme la suite $(E^1_{*,*}\, d^1)$ est une résolution A-projective de $\underline{\underline{k}}$, on en déduit l'isomorphisme de A^n-modules :

$$\forall p \leq n-1, \quad {}^n E^2_{p,*} \cong \mathrm{Tor}^A_p(A^n, \underline{\underline{k}})$$

En fait, nous allons montrer que ${}^n E^2_{p,*} = 0$ pour $0 < p < n$, ce qui entraînera que A^n est A-libre. Il suffit pour cela de montrer que les seules différentielles éventuellement non nulles de ${}^n E^r$ sont d^1_p, pour $0 < p < n$ et $d^n_n : {}^n E^n_{n,*} \longrightarrow {}^n E^n_{o,*}$. Nous utilisons encore la technique de "changement de degré" : remarquons d'abord que de la suite exacte :

$$0 \longrightarrow J^n \longrightarrow A^n \xrightarrow{\rho^n_*} A \longrightarrow 0$$

et de l'isomorphisme :

$$Q^{n+1} = QJ^n = s^{n-1}\, \mathrm{Tor}^A_{n+1}(\underline{\underline{k}}, \underline{\underline{k}})$$

on déduit que l'excès de tout élément de A^n est un multiple de n-1. Il en est de même de l'excès de tout élément de ${}^n E^r_{p,*}$, qui est un sous-quotient de $A^n \otimes \mathrm{Tor}^A_p(\underline{\underline{k}}, \underline{\underline{k}})$. Par suite, on a nécessairement :

$${}^n d^r = 0 \quad \text{si} \quad r \neq 1 \ \mathrm{mod.}(n-1).$$

Enfin, comme la filtration de $E\mathfrak{A}^n$ n'a que n+1 termes distincts, on a :

$${}^n E = {}^n E^\infty = \underline{\underline{k}}$$

dès que $r \geq n+1$, d'où la propriété annoncée.

La suite spectrale ${}^n E^r$ se réduit alors aux deux suites exactes :

$$\text{(a)} \quad 0 \rightarrow {}^n E^n_{n,*} \hookrightarrow {}^n E^1_{n,*} \xrightarrow{d^1_n} \cdots\cdots \rightarrow {}^n E^1_{o,*} \twoheadrightarrow {}^n E^n_{o,*} \longrightarrow 0$$

$$(b)\qquad 0 \longrightarrow E^n_{n,*} \xrightarrow[(n-1)]{d^n_n} {}^nE^n_{o,*} \twoheadrightarrow {}^nE^{n+1}_{o,*} \longrightarrow 0$$

$$\begin{array}{ccc} {}^nE^n_{o,*} & & {}^nE^{n+1}_{o,*} \\ \| \wr & & \| \\ A^n \otimes_A \underline{k} & & \underline{k} \end{array}$$

et la démonstration de la proposition (4.2.12) s'achève exactement comme en (2.4.7), (2.4.8). ∎

(4.2.13) Le théorème (2.3.8) nous avait permis d'expliciter la suite spectrale d'Eilenberg-Moore pour les algèbres différentielles libres de longueur 2.

La même méthode permet, à partir du théorème (4.2.12), d'expliciter cette suite spectrale pour les algèbres $\mathfrak{A}^n$. Nous énonçons le résultat et laissons la vérification au lecteur.

PROPOSITION (4.2.13) : Soit $n \geq 2$; la suite spectrale d'Eilenberg-Moore :

$E^2_{p,q} = \mathrm{Tor}^{A^n}_{p,q}(\underline{k},\underline{k}) \underset{p}{\Longrightarrow} \mathrm{Tor}^{\mathfrak{A}^n}_{p+q}(\underline{k},\underline{k})$ possède les propriétés suivantes :

a) $d^r = 0$ si $r \neq n$, et, par suite :

$$E^{n+1}_{*\,*} = E^{\infty}_{*,*}$$

b) $E^{\infty}_{p,*} = \mathrm{Tor}^A_{p,*}(\underline{k},\underline{k})$ si $p \leq n$

$E^{\infty}_{p,*} = 0$ si $p > n$

c) la différentielle $d^n_{p,q} : E^n_{p,q} \longrightarrow E^n_{p-n,q+n-1}$ est nulle pour $p \leq n$. Si $p > 0$ sa restriction à $s^{n-1}\,\mathrm{Tor}^A_{p+n,*}(\underline{k},\underline{k}) \subset E^n_{p,*}$ est nulle, et pour $p > n$, sa restriction à $\mathrm{Tor}^A_{p,*}(\underline{k},\underline{k}) \subset E^n_{p,*}$ est un isomorphisme sur

$s^{n-1}\,\mathrm{Tor}^A_{p,*}(\underline{k},\underline{k}) \subset E^n_{p-n,*}$ ∎.

Les algèbres $\mathfrak{A}^n$ vérifient donc la conjecture (2.6.11).

4.3. Application aux bouquets garnis et aux espaces projectifs

(4.3.1) Bouquets garnis de sphères :

Reprenons l'exemple 4 du n°(4.1.2) ; notons $\mathcal{B}^k = F_k\mathcal{B}$ la sous-algèbre de $\mathcal{B}$ engendrée par les éléments x_J avec card $J \leq k$, et posons $\rho^k = \rho|\mathcal{B}^k : \mathcal{B}^k \longrightarrow P(x_1,\dots,x_m)$. On voit aisement que la suite $(\mathcal{B}^k,\rho^k)$ vérifie les conditions du n° (4.2.2).

Le théorème (4.2.12) nous donne donc :

$$\forall k \geq 2,\ \forall p \geq 1\quad \forall q,\ \mathrm{Tor}^{H\mathcal{B}^k}_{p,q}(\underline{k},\underline{k}) = \mathrm{Tor}^{P}_{p,q}(\underline{k},\underline{k}) \oplus \mathrm{Tor}^{P}_{p+k,q-k-1}(\underline{k},\underline{k})$$

où nous avons posé $P = P(x_1,\dots,x_m)$.

On voit alors qu'un système minimal de générateurs pour $H\mathcal{B}^k$, $k \geq 2$ est constitué des éléments $x_1,\dots,x_m$ et des classes des cycles dx_J pour chaque sous-ensemble J de $\{1,\dots,m\}$ à $k+1$ éléments. On obtient ainsi $m + \binom{m}{k+1}$ générateurs. De même un système minimal de relations entre ces générateurs s'obtient en ajoutant aux $\binom{m}{2}$ relations de commutation $|x_i, x_j| = 0$ de P, les relations obtenues en développant $ddx_K = 0$ pour chaque partie K de $\{1,\dots,m\}$ à $k+2$ éléments, soit $\binom{m}{k+2}$ relations.

En particulier si $k = m-1$, il n'y a pas de telles relations, et l'on obtient :

$$H\mathcal{B}^{m-1} \cong \underline{P}(x_1,\dots,x_m) \amalg T(\omega) \quad \text{avec } |\omega| = \left(\sum_{i=1}^{m} |x_i|\right) + m-1$$

Compte tenu de l'isomorphisme d'algèbres $H_*(\Omega\, T_k(S_1,\dots,S_m),\underline{k}) \cong H\mathcal{B}^k$ on obtient ainsi une description complète, à isomorphisme près de ces algèbres de Pontryagin : pour $k = m-1$, on retrouve le résultat de G. Porter [12] .

(4.3.2) Espaces projectifs :

Soit $E = E(x)$ l'algèbre extérieure (sur $\underline{k}$) engendrée par un élément x de degré impair $2c - 1$, $c \geq 1$.

Le modèle cononique $(\Omega \mathbb{B} E, \alpha)$ est minimal ; en effet $\mathbb{B}E$ est la coalgèbre "tensorielle" sur un élément $\xi = sx$; de façon précise, $\mathbb{B}E$ admet une $\underline{k}$-base formée des éléments $\xi_0 = 1$, $\xi_1 = \xi$, $\xi_2, \dots, \xi_k, \dots$, avec $|\xi_k| = 2ck$ et la diagonale est définie par

$\forall k \in \mathbb{N}$, $\Delta\xi_k = \sum_{i=0}^{k} \xi_i \otimes \xi_{k-i}$ et la différentielle de $\mathbb{B}E$ est nulle. On en déduit

que la cobar-construction $\Omega\mathbb{B}E$ est isomorphe comme algèbre à l'algèbre libre sur les éléments $x_k = s^{-1}\xi_k$, $k \geq 1$, avec $|x_k| = 2ck-1$; la différentielle est définie par

$$dx_1 = 0$$

$$\forall k \geq 2,\ dx_k = \sum_{i=1}^{k-1} x_i . x_{k-i}$$

Enfin, le morphisme d'adjonction α est défini par :

$$\alpha\, x_1 = x$$

$$\forall k \geq 2,\ \alpha\, x_k = 0$$

Soit $F_n \mathbb{B}E$ la sous-coalgèbre de $\mathbb{B}E$ engendré (comme $\underline{k}$-espace vectoriel) par les éléments ξ_i, $0 \leq i \leq n$, et posons pour abréger :

$$\Omega^n = \Omega F_n \mathbb{B}E$$

$$\alpha^n = \alpha|\Omega^n$$

Il est clair que la suite (Ω^n, α^n) vérifie les conditions du n°(4.2.2).

$$\forall n \geq 2,\ \forall p \geq 1,\ \mathrm{Tor}^{H\Omega^n}_{p,q}(\underline{k},\underline{k}) = \mathrm{Tor}^{E}_{p,q}(\underline{k},\underline{k}) \oplus \mathrm{Tor}^{E}_{p+n,q-n+1}(\underline{k},\underline{k})$$

On en déduit qu'un système minimal de générateurs de $H\Omega^n$ est formé de x_1 et de la classe de dx_{n+1}, qui est de degré $2(cn + c-1)$; de même, un système minimal de relations est formé de $x_1^2 = 0$ et de la relation obtenue en écrivant $ddx_{n+2} = 0$. Il vient :

$$0 = ddx_{n+2} = d\left(\sum_{i=1}^{n+1} x_i\, x_{n+2-i}\right) = -x_1 . dx_{n+1} + dx_{n+1}\, x_1 = d\left(\sum_{i=2}^{n} x_i\, x_{m+2-i}\right)$$

soit, dans $H\Omega^n$:

$$\bar{x}_1 . \overline{dx_{n+1}} - \overline{dx_{n+1}}\, \bar{x}_1 = [\bar{x}_1, \overline{dx}_{n+1}] = 0.$$

Finalement, nous obtenons l'isomorphisme :

$$\forall n \geq 2,\ H\Omega^n \cong E(x_1) \otimes T(\overline{dx_{n+1}})$$

Si $c = 1$ ou 2, on a, par des arguments classiques, un isomorphisme d'algèbres :

$$H_*(\Omega\, \mathbb{F}\mathbb{P}(n)\ ;\ \underline{k}) = H\Omega^n$$

où $\mathbb{F} = \mathbb{C}$ pour $c = 1$, $\mathbb{F} = \mathbb{H}$ (le corps des quaternions) pour $c = 2$.

On obtient ainsi les résultats suivants, pour lesquels nous indiquons en indice les <u>degrés</u> des générateurs :

$\forall n \geq 2$.

$$H_*(\Omega\mathbb{C}\,\mathbb{P}(n)\ ;\ \underline{k}) = E(u_1) \otimes T(w_{2n})$$

$$H_*(\Omega\mathbb{H}\ P(n)\ :\ \underline{k}) = E(u_3) \otimes T(w_{4n+2})$$

Pour les octaves de Cayley $\mathbb{K}$, seul $\mathbb{K}\mathbb{P}(2)$ est défini, et l'on a ($c = 4$) :

$$H_*(\Omega\ \mathbb{K}\mathbb{P}(2)\ ;\ \underline{k}) = E(u_7) \otimes T(w_{22})$$

(4.3.3) <u>REMARQUE</u> :

On montre aisément, en considérant les fibrations :

$$S^1 \longrightarrow S^{2n+1} \longrightarrow \mathbb{C}\ \mathbb{P}(n)$$

$$S^3 \longrightarrow S^{4n+3} \longrightarrow \mathbb{H}\,\mathbb{P}(n)$$

que l'on a des équivalences d'homotopie :

$$\Omega\ \mathbb{C}\ \mathbb{P}(n) \simeq S^1 \times \Omega S^{2n+1}$$

$$\Omega\,\mathbb{H}\ \mathbb{P}(n) \simeq S^3 \times \Omega S^{4n+3}$$

d'où l'on peut déduire les isomorphismes <u>additifs</u> ci-dessus. On notera que ces équivalences d'homotopie ne peuvent être des H-homomorphismes, ni même des shm-équivalences de H-espaces associatifs : en effet :

$B\,\Omega\,\mathbb{C}P(n) \simeq \mathbb{C}P(n) \not\simeq \mathbb{C}P(\infty) \times S^{2n+1} \simeq B(S^1 \times \Omega S^{2n+1})$

En fait, T. Ganéa a montré que ces équivalences ne peuvent même pas être réalisées en général par des H-applications : on trouvera une discussion complète dans [Journ. Math. Mec. (1967) n°8 p.853-858]

En ce qui concerne $\mathbb{K}P(2) = S^8 \cup_\gamma e^{16}$, on ne peut pas avoir : $S^7 \times \Omega S^{23} \simeq \Omega\mathbb{K}P(2)$, car ceci entraînerait l'existence d'une multiplication homotopiquement associative sur S^7. ([16], th. 7.4).

4.4. Applications à l'homotopie rationnelle.

(4.4.0) Dans ce paragraphe, nous indiquons comment la théorie de Quillen [11] permet d'interpréter géométriquement la notion de modèle différentiel libre pour une algèbre de Lie. Nous en déduirons l'existence de cw-complexes finis de catégorie $n > 2$ quelconque possédant les propriétés ($\mathbb{Q}$) ou (R) (cf. § 3.3).

(4.4.1) Nous supposerons désormais $\underline{k} = \mathbb{Q}$. Etant donné une algèbre Λ de $_{\mathbb{Q}}\underline{\text{Lie}}$, un modèle différentiel libre pour Λ est la donnée d'une algèbre $\mathcal{L}$ de $_{\mathbb{Q}}\underline{\text{D Lie}}$, libre (si l'on néglige la différentielle) et d'un morphisme de $_{\mathbb{Q}}\underline{\text{D Lie}}$:

$$\rho : \mathcal{L} \longrightarrow \Lambda$$

qui induit un isomorphisme en homologie. On sait que le foncteur algèbre enveloppante :

$$U : {}_{\mathbb{Q}}\underline{\text{D Lie}} \longrightarrow {}_{\mathbb{Q}}\underline{\text{D Hopf}}$$

commute à l'homologie ; il s'ensuit que $(U\mathcal{L}, U\rho)$ est un modèle différentiel libre pour $U\Lambda$; en fait, comme U est une équivalence de catégories, il revient au même de définir la notion de modèle différentiel libre dans $_{\mathbb{Q}}\underline{\text{Lie}}$ ou dans $_{\mathbb{Q}}\underline{\text{Hopf}}^c$.

La construction d'un modèle minimal décrite au § 4.2 s'étend sans difficulté aux algèbres de Lie, grâce aux résultats du § 1.3. Soit Λ une algèbre de $_{\mathbb{Q}}\underline{\text{Lie}}$. On pose $Q^1 = Q\Lambda$, et on choisit une surjection :

$\rho^1 : \mathcal{L}^1 = L(Q^1) \longrightarrow \Lambda$

Supposons défini l'algèbre de Lie différentielle libre $\mathcal{L}^n$, $n \geq 1$ et le morphisme de ${}_{\mathbb{Q}}$ D Lie :

$\rho^n : \mathcal{L}^n \longrightarrow \Lambda$

Posons $L^n = H\mathcal{L}^n$,

$L'^n = (\rho_*^n)^{-1}(0) \subset L^n$

$Q^{n+1} = Q_{L^n} L'^n$

on définit le morphisme :

$q^{n+1} : L(Q^{n+1}) \longrightarrow \mathcal{L}^n$

comme dans le cas des algèbres : dans ces conditions $\mathcal{L}^{n+1}$ et ρ^{n+1} sont définis par le diagramme suivant :

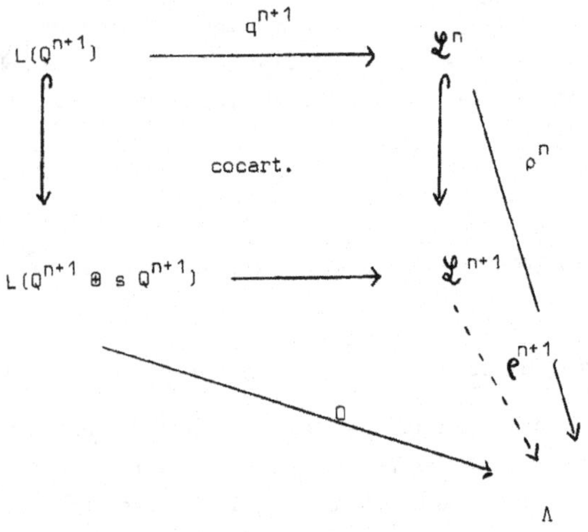

Le seul point à vérifier est l'acyclicité de $L(Q^{n+1} \oplus s\, Q^{n+1})$: ceci résulte de l'analogue pour les algèbres de Lie du lemme (2.3.4), qui est vrai en caractéristique nulle : voir ([13], Appendice B, lemma 2.2).

On notera que ce lemme est faux en caractéristique $p \neq 0$, de sorte que notre construction ne s'étend pas aux algèbres de Lie sur un corps de caractéristique non nulle.

Bien entendu, si l'on applique le foncteur U à cette construction, on obtient la construction d'un modèle minimal pour l'algèbre de $_{\mathbb{Q}}\underline{\mathrm{Hopf}}^c\, U\Lambda$.

(4.4.2) Nous rappelons maintenant - très brièvement - le théorème fondamental de [11] .

On munit d'abord la catégorie $_{\mathbb{Q}}\underline{\mathrm{D\,Lie}}$ des algèbres de Lie différentielles graduées sur $\mathbb{Q}$, nulles en degré 0, d'une structure de "modèle de théorie d'homotopie".

Une telle structure consiste en la donnée de trois classes de morphismes particuliers "équivalences", "fibrations" et "cofibrations", satisfaisant à certains axiomes. La théorie d'homotopie associée à un modèle est la catégorie de fractions qui rend inversibles les équivalences, et on peut y définir des notions de suites fibrée et cofibrée.

Une équivalence de théories d'homotopie est une équivalence de catégorie qui respecte les suites fibrées et les suites cofibrées. Dans le cas de la catégorie $_{\mathbb{Q}}\underline{\mathrm{D\,Lie}}$, les "équivalences" sont les morphismes qui induisent un isomorphisme en homologie.

D'autre part, la catégorie d'homotopie rationnelle $\mathbb{Q}\underline{\mathcal{C}}$ peut être considérée comme une théorie d'homotopie, (bien qu'on ne puisse pas tout-à-fait munir $\underline{\mathcal{C}}$ d'une structure de modèle !). Le résultat essentiel de [13] est alors que la "théorie d'homotopie" $[{}_{\mathbb{Q}}\underline{\text{D Lie}}]$ associée à la catégorie modèle ${}_{\mathbb{Q}}\underline{\text{D Lie}}$ est équivalente à l'homotopie rationnelle $\mathbb{Q}\underline{\mathcal{C}}$, et l'on a le diagramme commutatif :

$$\begin{array}{ccc} [{}_{\mathbb{Q}}\underline{\text{D Lie}}] & \underset{\mu}{\overset{\lambda}{\underset{\sim}{\rightleftarrows}}} & \mathbb{Q}\underline{\mathcal{C}} \\ & H \searrow \qquad \swarrow \underline{\pi} & \\ & {}_{\mathbb{Q}}\underline{\text{Lie}} & \end{array}$$

dans lequel λ et μ sont les équivalences de catégories en question.

(4.4.3) Pour simplifier, nous utiliserons la terminologie suivante : étant donné deux catégories $\underline{\mathcal{C}}$, $\underline{\mathcal{C}}'$ et une équivalence de catégories $\lambda : \underline{\mathcal{C}} \longrightarrow \underline{\mathcal{C}}'$, on dira qu'un objet (resp. morphisme, diagramme) de $\underline{\mathcal{C}}$ est équivalent à un objet (resp. etc...) de $\underline{\mathcal{C}}'$ si l'image par λ du premier est isomorphe dans $\underline{\mathcal{C}}'$ au second. Compte tenu du théorème de Quillen, on dira qu'un espace topologique de $\underline{\mathcal{C}}$ est équivalent à une algèbre de ${}_{\mathbb{Q}}\underline{\text{D Lie}}$ si leurs images dans les catégories d'homotopie respectives sont équivalentes.

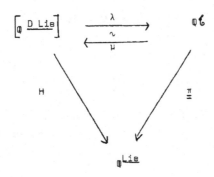

Il résulte du diagramme ci-dessus que si $X \in \mathcal{C}$ est équivalent à $\mathcal{L} \in {}_{\mathbb{Q}}$ D Lie, on a un isomorphisme :

$$\underline{\pi}(X) \cong H\mathcal{L}$$

dans ${}_{\mathbb{Q}}$ Lie. Le résultat rappelé au n°(3.4.0) est dès lors immédiat : si $\Lambda \in_{\mathbb{Q}}$ Lie, tout espace X équivalent à Λ (considérée dans ${}_{\mathbb{Q}}$ D Lie) vérifie :

$$\underline{\pi}(X) \cong H\Lambda = \Lambda$$

Nous aurons besoin des résultats suivants, plus ou moins explicitement contenus dans [13] (ch.II, § 5)

(4.4.4.) LEMME.

Soit $\mathcal{L}' = \mathbb{L}(x_i)_{i \in I}$ l'algèbre de Lie libre sur des éléments x_i de degrés respectifs :

$|x_i| = m_i \geq 1$, munie de la différentielle nulle.

$$X = \bigvee_{i \in I} S_i^{m_i+1}$$

est équivalent à $\mathcal{L}'$.

(4.4.5) LEMME.

Soit Y un espace de $\mathcal{C}$, et soit $\mathfrak{M}$ une algèbre de ${}_{\mathbb{Q}}$ D Lie équivalente à Y. Soit $g : \mathcal{L}' \longrightarrow \mathfrak{M}$ un morphisme de ${}_{\mathbb{Q}}$ D Lie. Désignons par $\xi_i \in \underline{\pi}(Y)$ l'élément qui correspond à $\overline{gx_i} \in H\mathfrak{M}$ par l'isomorphisme $\underline{\pi}(Y) \cong H\mathfrak{M}$, et soit enfin :

$$f_i : S_i^{m_i+1} \longrightarrow Y$$

une application qui représente ξ_i (cf. (3.4.1))

Alors l'application :

$$f : X = \bigvee_i S_i^{m_i+1} \longrightarrow Y$$

définie par les f_i, est équivalente à g.

(4.4.6) LEMME :

Soit $g : \mathcal{L}' \longrightarrow \mathcal{M}$ comme ci-dessus. Désignons par $c\mathcal{L}'$ l'algèbre de Lie libre engendrée par les éléments $(x_i)_{i \in I}$ et par des éléments $(\hat{x}_i)_{i \in I}$ avec $|\hat{x}_i| = |x_i| + 1$, munie de la différentielle définie par :

$$dx_i = 0 \qquad d\hat{x}_i = x_i$$

Définissons enfin $\mathcal{N} \in {}_{\mathbb{Q}}\underline{\text{D Lie}}$ par le carré cocartésien :

$$\begin{array}{ccc} \mathcal{L} & \xrightarrow{\ g\ } & \mathcal{M} \\ \big\downarrow & & \big\downarrow \\ \mathcal{L} & \longrightarrow & \mathcal{N} \end{array}$$

Alors ce carré est équivalent au carré cocartésien de $\underline{\mathcal{C}}$:

$$\begin{array}{ccc} X & \xrightarrow{\ f\ } & Y \\ \big\downarrow & & \big\downarrow \\ CX & \longrightarrow & C_f \end{array}$$

où f est définie en (4.4.5), CX est le cône sur X, et C_f le cône de l'application f.

La vérification de ces lemmes est laissée au lecteur, car elle nous obligerait à reproduire ici les nombreuses définitions nécessaires. Signalons simplement que l'inclusion : $\mathcal{L} \hookrightarrow c\mathcal{L}$ est une "cofibration" de ${}_{\mathbb{Q}}\underline{\text{D Lie}}$; le lemme (4.2.6) résulte du fait suivant, vrai dans $\underline{\mathcal{C}}$ et dans ${}_{\mathbb{Q}}\underline{\text{D Lie}}$ (mais qui ne résulte pas des axiomes d'une catégorie modèle) : si dans le carré cocartésien :

$$\begin{array}{ccc} \cdot & \xrightarrow{\ h\ } & \cdot \\ u\big\downarrow & & \big\downarrow v \\ \cdot & \xrightarrow{\ k\ } & \cdot \end{array}$$

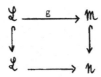

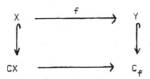

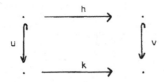

u est une cofibration et h une équivalence, alors k est une équivalence. C'est bien connu pour $\mathfrak{C}$, et pour ${}_{\mathbb{Q}}$ D Lie on utilise la suite spectrale (6.7) du § 6, ch.II de [13] .

(4.4.7) Etant donné l'algèbre de Lie $\Lambda \in {}_{\mathbb{Q}}$ Lie, les lemmes précédents montrent qu'on peut trouver une suite X^n de cw-complexes et d'inclusions $i^n : X^n \hookrightarrow X^{n+1}$, équivalente à une suite d'algèbres de Lie libres $\mathcal{L}^n$ construite comme au n°(4.4.1). On notera que X^1 est un bouquet de sphères, formé en prenant une sphère (de dimension m_i+1) pour chaque élément (de degré m_i) d'un système minimal de générateurs de Λ , et que X^2 est un cw-complexe associé à une présentation minimale de Λ .

On établit immédiatement par récurrence que X^n est de catégorie $\leq n$.

Si l'on pose $X = \bigcup_{n=1}^{\infty} X^n$, et $\mathcal{L} = \varinjlim \mathcal{L}^n$

$$\pi(X) \cong H\mathcal{L} \cong \Lambda$$

car X et $\mathcal{L}$ sont équivalents : on notera que $\rho : \mathcal{L} \to \Lambda$ est une "équivalence" de ${}_{\mathbb{Q}}$ D Lie.

Supposons maintenant gl. dim Λ = n. D'après la proposition (4.2.11), l'inclusion $\mathcal{L}^n \hookrightarrow \mathcal{L}$ est l'identité, et par conséquent on a $X^n = X$. Nous pouvons donc conclure :

(4.4.8) PROPOSITION :

Soit Λ une algèbre de ${}_{\mathbb{Q}}$ Lie de dimension globale n. Alors il existe un cw-complexe X^n, de catégorie $\leq n$, tel que :

$$\pi(X^n) \cong \Lambda .$$

Ceci généralise (3.4.3). ■

(4.4.9) Les espaces X^n fournissent des exemples simples d'espaces pour lesquels la suite spectrale d'Eilenberg-Moore :

$$E^2 = \mathrm{Tor}_{*,*}^{H_*(\Omega X^n)}(\mathbb{Q},\mathbb{Q}) \Longrightarrow H_*(X^n;\mathbb{Q})$$

est non triviale : l'isomorphisme d'algèbres de Hopf :

$H\mathcal{L}^n \cong U\underline{\pi}(X^n) \cong H_*(\Omega X^n;\mathbb{Q})$ et la proposition (4.2.13) donnent une description complète de cette suite spectrale. Notons que le théorème de Ginsburg déjà cité montre que X^n est exactement de catégorie n.

(4.4.10) Montrons enfin comment les espaces X^n fournissent des exemples de cw-complexes possédant les propriétés (Q) ou (R) définies au n°(3.3.1).
On a d'abord :

$$H_*(X^n;\mathbb{Q}) = \mathrm{Tor}_*^{U\mathcal{L}^n}(\mathbb{Q},\mathbb{Q}) = \bigoplus_{p=0}^{n} s^p\,\mathrm{Tor}_{p,*}^{U\Lambda}(\mathbb{Q},\mathbb{Q})$$

Rappelons que $\mathrm{Tor}_{p,*}^{U\Lambda}(\mathbb{Q},\mathbb{Q}) = \mathcal{H}_p(\Lambda,\mathbb{Q})$ est le p-ième "groupe d'homologie" de Λ à coefficients triviaux $\mathbb{Q}$. Par suite, si ces groupes d'homologie sont totalement de dimension finie (comme $\mathbb{Q}$-espaces vectoriels gradués), pour $0 \leqslant p \leqslant n$, l'espace X^n est un cw-complexe fini.

A présent, si $n \geqslant 2$, on a, d'après (4.2.12)

$$\mathcal{H}_1(\underline{\pi}(X^n);\mathbb{Q}) = \mathrm{Tor}_{1,*}^{UH\mathcal{L}^n}(\mathbb{Q},\mathbb{Q}) = \mathcal{H}_1(\Lambda;Q) \oplus s^{n-1}\mathcal{H}_{n+1}(\Lambda;\mathbb{Q})$$

$$\mathcal{H}_2(\pi(X^n);\mathbb{Q}) = \mathcal{H}_2(\Lambda;\mathbb{Q}) \oplus s^{n-1}\mathcal{H}_{n+2}(\Lambda;\mathbb{Q})$$

de sorte que si Λ possède la propriété (P_{n+1}) (resp. P_{n+2}), l'espace X^n possède la propriété (Q) (resp(R)).

On montrera l'existence de telles algèbres Λ au chapitre suivant.
On voit donc que les propriétés (Q) et (R) se manifestent en catégorie n, pour tout $n \geqslant 2$.

CHAPITRE 5 : LA PROPRIETE $(\mathbb{P}_n)$

5.1. Sommes amalgamées d'algèbres.

Définition : Soient $i : A \longrightarrow B$, et $j : A \longrightarrow C$ deux monomorphismes d'une catégorie $\mathcal{C}$, on dira qu'un objet colimite du diagramme

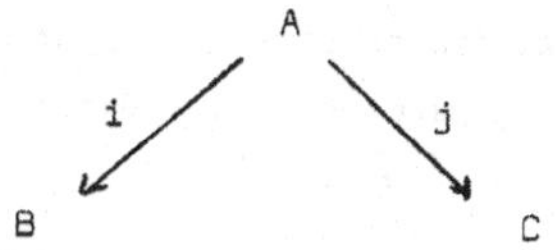

est une somme amalgamée de B et C au-dessus de A, et on notera un tel objet $B \amalg_A C$.

(5.1.1) L'existence de sommes amalgamées dans la catégorie $\underline{\underline{k}}$ $\underline{Alg}$ n'est pas difficile à établir : il suffit de prendre un quotient approprié du coproduit $B \amalg C$ (cf. [4]). En ce qui concerne la catégorie $\underline{\underline{k}}$ $\underline{Hopf}$, on a la proposition suivante :

Proposition : Soit :

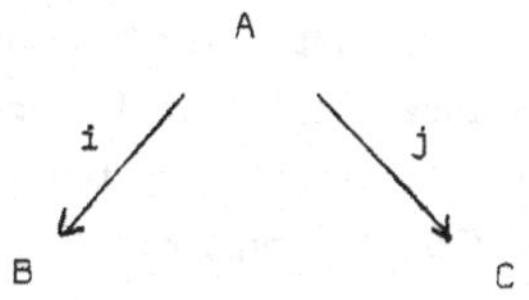

un diagramme de $\underline{\underline{k}}$ $\underline{Hopf}$ (resp. $\underline{\underline{k}}$ $\underline{Hopf}^c$), et soit D une colimite du diagramme sous-jacent de $\underline{\underline{k}}$ $\underline{Alg}$. Alors D peut être canoniquement munie d'une diagonale qui en fait une colimite du diagramme dans $\underline{\underline{k}}$ $\underline{Hopf}$ (resp. $\underline{\underline{k}}$ $\underline{Hopf}^c$)

PREUVE : Rappelons que la diagonale $\Delta_A : A \longrightarrow A \otimes A$ d'une algèbre de Hopf A est un morphisme d'algèbres. Considérons alors le diagramme :

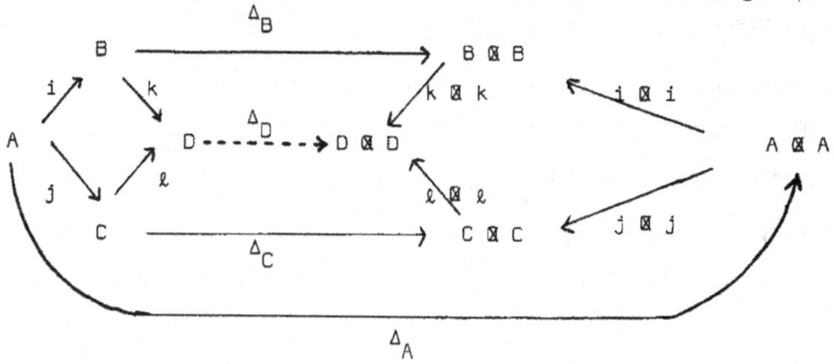

où k et ℓ sont les morphismes canoniques. C'est un diagramme commutatif dans $\underline{k}$ Alg, et la propriété universelle de D assure l'existence de Δ_D. On vérifie sans peine que Δ_D est cocommutatif si Δ_A, Δ_B, Δ_C le sont, et que D munie de la diagonale Δ_D est une colimite dans $\underline{k}$ Hopf (resp. $\underline{k}$ Hopf^c) du diagramme initial. ■

(5.1.2) Nous énonçons maintenant un théorème de structure pour les sommes amalgamées vérifiant une condition supplémentaire, toujours satisfaite dans $\underline{k}$ Hopf On trouvera un énoncé voisin dans [14] .

On dira qu'un diagramme de somme amalgamée de $\underline{k}$ Alg, i.e. un diagramme cocartésien :

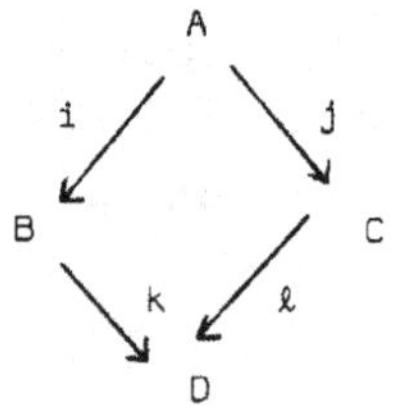

de $\underline{k}$ Alg dans lequel i, j sont des injections, satisfait la condition (H) si B et C sont des A-modules (à gauche) libres via i et j respectivement. On notera (cf. Appendice, 1.2) que B est A-libre ssi pour toute section σ de la surjection $\pi : B \longrightarrow \underline{k} \otimes_A B = B/\bar{A}.B$, la composée :

$$\tilde{\sigma} : A \otimes (\underline{k} \otimes_A B) \xrightarrow{i \otimes \sigma} B \otimes B \xrightarrow{m_B} B$$

où m_B est la multiplication de B, est un isomorphisme de A-modules. Il en est toujours ainsi si $i : A \longrightarrow B$ est un monomorphisme de $\underline{k}$ Hopf.

(5.1.3) Nous aurons besoin, pour énoncer le théorème qui va suivre, de préciser quelques notations.

On posera :

$$X = \underline{k} \otimes_A B$$

$$Y = \underline{k} \otimes_A C$$

$$\tilde{X} = \mathrm{Ker}(\epsilon : \underline{k} \otimes_A B \longrightarrow \underline{k})$$

$$\bar{Y} = \mathrm{Ker}(\epsilon : \underline{k} \otimes_A C \longrightarrow \underline{k})$$

$$\bar{X}^1 = \bar{X} \qquad \bar{Y}^1 = \bar{Y}$$

$$\forall p > 0 \qquad \bar{X}^{2p} = \bar{X}^{2p-1} \boxtimes \bar{Y} \qquad \bar{Y}^{2p} = \bar{Y}^{2p-1} \boxtimes \bar{X}$$

$$\bar{X}^{2p+1} = \bar{X}^{2p} \boxtimes \bar{X} \qquad \bar{Y}^{2p+1} = \bar{Y}^{2p} \boxtimes \bar{Y}$$

et enfin :

$$R = \underline{k} \oplus \left(\bigoplus_{p=1}^{\infty} \bar{X}^p\right) \oplus \left(\bigoplus_{p=1}^{\infty} \bar{Y}^p\right)$$

$$S = \underline{k} \oplus \left(\bigoplus_{p=1}^{\infty} \bar{Y}^p\right)$$

$$T = \underline{k} \oplus \left(\bigoplus_{p=1}^{\infty} \bar{X}^p\right)$$

Nous pouvons alors énoncer :

<u>(5.1.4) THEOREME.</u> Soit :

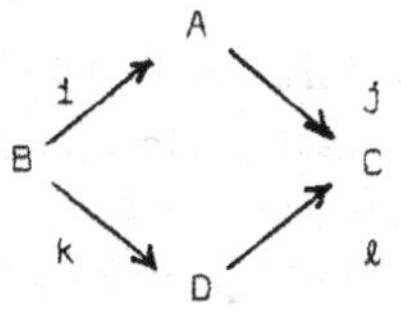

un diagramme de somme amalgamée dans $\underline{k}$ <u>Alg</u>, satisfaisant la condition (H). Alors D est isomorphe :

- via $ki = \ell j$, à $A \boxtimes R$ comme A-module (à gauche)
- via k, à $B \boxtimes S$ comme B-module (..)
- via ℓ, à $C \boxtimes T$ comme C-module (...)

<u>(5.1.5) COROLLAIRE</u> : k et ℓ sont injectifs, et le carré est cartésien. ■

<u>(5.1.6) DEMONSTRATION DU THEOREME (5.1.4).</u>

On remarque d'abord que $S \oplus T = \underline{k} \oplus R$. Par ailleurs :

$\forall p \geq 1 \quad \bar{Y}^p \oplus \bar{X}^{p+1} = (\underline{k} \oplus \bar{X}) \boxtimes \bar{Y}^p = X \boxtimes \bar{Y}^p$

et de même $\bar{X}^p \oplus \bar{Y}^{p+1} = Y \boxtimes \bar{X}^p$

de sorte que :

$$R = X \otimes S = Y \otimes T$$

Soient $\sigma : X \longrightarrow B$ et $\tau : Y \longrightarrow C$ des sections des surjections canoniques. Alors :

$$\tilde{\sigma} : A \otimes X \xrightarrow{\sim} B$$

$$\tilde{\tau} : A \otimes Y \xrightarrow{\sim} C$$

sont des isomorphismes de A-modules d'après l'hypothèse (H). On obtient donc les isomorphismes de A-modules :

$$A \otimes R = A \otimes X \otimes S \xrightarrow[\tilde{\sigma} \otimes S]{\sim} B \otimes S$$

$$A \otimes R = A \otimes Y \otimes T \xrightarrow[\tilde{\tau} \otimes T]{\sim} C \otimes T$$

Ces isomorphismes confèrent à $A \otimes R$ des structures de B- et C-module telles que les structures de A-modules induites par restriction via i et j coïncident avec la structure initiale. Il existe donc une structure de D-module sur $A \otimes R$. Comme $A \otimes R$ est "connexe", i.e. $(A \otimes R)_o = \underline{\underline{k}}$, on considère l'application D-linéaire de "connexité" α qui est la composée :

$$\alpha : D = D \otimes \underline{\underline{k}} \hookrightarrow D \otimes A \otimes R \longrightarrow A \otimes R$$

où le morphisme de droite est celui de la structure de D-module que nous venons de définir. Je dis que α est bijective : soit $\beta : A \otimes R \longrightarrow D$ l'application définie par :

$$\beta | (A \otimes \underline{\underline{k}} = A) = ki = \ell j$$

$$\beta | A \otimes \bar{X}^{2p} = ki \otimes k\sigma \otimes \ell\tau \otimes k\sigma \otimes \ldots \otimes \ell\tau$$

et de même pour les restrictions aux autres termes.

Il est immédiat que β est un inverse de α (cf. [14] . loc. cit.). ∎

<u>(5.1.7) COROLLAIRE</u> : Soit M un D-module à droite. Alors la suite de $\underline{\underline{k}}$-modules gradués :

$$0 \longrightarrow M \otimes_A D \xrightarrow{u} (M \otimes_B D) \oplus (M \otimes_C D) \xrightarrow{v} \underset{\underset{M}{\parallel}}{M \otimes_D D} \longrightarrow 0$$

dans laquelle :

$$u = (M \otimes_i D,\ M \otimes_j D)$$

$$v = M \otimes_k D - M \otimes_\ell D$$

est exacte.

PREUVE.

Le théorème précédent montre que

$M \otimes_A D \cong M \otimes R$, etc.. comme $\underline{k}$-espaces vectoriels. La suite en question est alors isomorphe au produit tensoriel par M de la suite exacte :

$$0 \longrightarrow R \longrightarrow S \oplus T \longrightarrow \underline{k} \longrightarrow 0$$

Comme $\underline{k}$ est un corps, $M \otimes ?$ est exact, d'où le résultat. ∎

La suite exacte du corollaire précédent peut être considérée comme une suite de D-modules à droite de manière évidente. Soit N un D-module à gauche quelconque, et considérons la suite exacte longue des foncteurs $Tor^D_{p,*}(?,N)$ appliqués à cette suite exacte. D'après le théorème, l'algèbre D est un A-, B-, et C-module libre : on a donc les isomorphismes de changement d'anneau

$$c_* \ :\ Tor^A_{*,*}(M,N) \xrightarrow{\sim} Tor^D_{*,*}(M \otimes_A D,N)$$

$$Tor^B_{*,*}(M,N) \xrightarrow{\sim} Tor^D_{*,*}(M \otimes_B D,N)$$

$$Tor^C_{*,*}(M,N) \xrightarrow{\sim} Tor^D_{*,*}(M \otimes_C D,N)$$

de plus, ces morphismes étant naturels, on a les diagrammes commutatifs :

$$\begin{array}{ccc} Tor^D_{*,*}(M \otimes_A D,N) & \xrightarrow{Tor^D(M \otimes i D,N)} & Tor^D_{*,*}(M \otimes_B D,N) \\ \cong \uparrow c_* & & \cong \uparrow c_* \\ Tor^A_{*,*}(M,N) & \xrightarrow{Tor^i(M,N)} & Tor^B_{*,*}(M,N) \end{array}$$

et de même pour j. Finalement on obtient la :

(5.1.9) PROPOSITION :

Sous les hypothèses du théorème (5.1.4), on a pour tout D-module à droite M et tout D-module à gauche N, une suite exacte "de Mayer-Vietoris".

$$\longrightarrow \mathrm{Tor}^{D}_{p,*}(M,N) \xrightarrow{\partial} \mathrm{Tor}^{A}_{p-1,*}(M,N) \xrightarrow{u_{p-1}} \mathrm{Tor}^{B}_{p-1,*}(M,N) \oplus \mathrm{Tor}^{C}_{p-1,*}(M,N)$$

$$\xrightarrow{v_{p-1}} \mathrm{Tor}^{D}_{p-1,*}(M,N) \xrightarrow{\partial} \cdots\cdots\cdots \to M \otimes_A N \xrightarrow{u_o} (M \otimes_B N) \oplus (M \otimes_C N)$$

$$\xrightarrow{v_o} M \otimes_D N \longrightarrow 0$$

où l'on a posé, $\forall p \geq 0$:

$$u_p = (\mathrm{Tor}^{i}_{p}(M,N),\ \mathrm{Tor}^{j}_{p}(M,N))$$

$$v_p = (\mathrm{Tor}^{k}_{p}(M,N) - \mathrm{Tor}^{\ell}_{p}(M,N)).$$

Cette proposition s'applique en toute généralité aux sommes amalgamées d'algèbres de Hopf. En particulier, comme le foncteur algèbre enveloppante $U : \underline{k}\ \mathrm{Lie} \longrightarrow \underline{k}\ \mathrm{Hopf}$ commute aux colimites, on obtient ainsi une suite de Mayer-Victoris pour l'homologie des sommes amalgamées d'algèbres de Lie graduées connexes sur $\underline{k}$.

Nous laissons le lecteur énoncer et démontrer les résultats analogues pour les Ext et la cohomologie.

(5.1.10) Concluons ce n° par la remarque suivante, qui permet de calculer la série de Poincaré d'une somme amalgamée : rappelons que si V_* est un $\underline{k}$-espace vectoriel gradué, de dimension finie en chaque degré, on pose :

$$P(V;t) = \sum_{n=0}^{\infty} (\dim V_n)\ t^n \in \mathbb{Z}^+[[t]]$$

<u>LEMME (5.1.10)</u> :

Si A, B, C, D sont des algèbres satisfaisant aux hypothèses du théorème (5.1.4), on a la relation :

$$\frac{1}{P(A;t)} + \frac{1}{P(D;t)} = \frac{1}{P(B;t)} + \frac{1}{P(C;t)}$$

<u>Preuve</u> : de $A \otimes R = B \otimes S = C \otimes T = D$

On tire : $P(D;t) = P(A;t) \times P(R;t) = P(B;t) \times P(S;t) = P(C;t) \times P(T;t)$

Or $P(S;t) + P(T;t) = 1 + P(R;t)$

d'où le résultat. On notera que la série de Poincaré d'une algèbre connexe A est inversible car :

$$P(A;0) = \dim A_o = \dim \underline{k} = 1 \qquad \blacksquare$$

5.2 Sommes amalgamée de monomorphismes.

(5.2.0) Soient deux sommes amalgamées $D' = B' \amalg_{A'} C'$ et $D = B \amalg_A C$ dans $\underline{k}$ Alg et des morphismes $a : A' \longrightarrow A$, $b : B' \longrightarrow B$, $c : C' \longrightarrow C$ compatibles avec les inclusions $i' : A' \longrightarrow B'$, $i : A \longrightarrow B$, $j' : A' \longrightarrow C'$, $j : A \longrightarrow C$.

Si a, b, c sont des épimorphismes (i.e. des surjections d'après (1.1.5)), il en est de même de la "somme amalgamée" $b \amalg_a c$ par un argument standard. En revanche, $b \amalg_a c$ n'est pas en général injectif si a, b, c le sont : nous voulons trouver des conditions suffisantes pour qu'il en soit ainsi.

(5.2.1) LEMME : (Les notations utilisées ici sont sans rapport avec celles du reste du §).

$$\begin{array}{ccc} M' & \xrightarrow{f'} & N' \\ g \downarrow & & \downarrow h \\ M & \xrightarrow{f} & N \end{array}$$

un carré commutatif de $\underline{k}$-espaces vectoriels gradués, dans lequel f, f' sont surjectifs et g,h injectifs. Alors pour toute section k' de f' : il existe une section k de f telle que $kh = gk'$.

Preuve : Soit $w : N \longrightarrow N''$ un conoyau de h, et ℓ une section de wf : alors $f\ell$ est une section de w, et :

$$q : (h, f\ell) : N' \oplus N'' \longrightarrow N$$

est un isomorphisme. On pose alors :

$$k = (gk', \ell) \circ q^{-1}$$

et on vérifie immédiatement que k est une section cherchée. $\blacksquare$

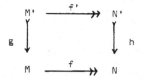

(5.2.2)

Notons $i' : A' \longrightarrow B'$, $j' : A' \longrightarrow C'$ les injections définissant $B' \amalg_{A'} C' = D'$. On a par hypothèse : $bi' = ia$, $cj' = ja$. Nous poserons

$$X' = \underline{\underline{k}} \otimes_{A'} B', \quad Y' = \underline{\underline{k}} \otimes_{A'} C'$$

et d'une manière générale, nous affecterons d'un ' les objets relatifs à A', B', C' correspondant à ceux définis en (5.1.2),(5.1.3). Nous poserons :

$$\xi = \underline{\underline{k}} \otimes_a b : X' \longrightarrow X$$

$$\eta = \underline{\underline{k}} \otimes_a c : Y' \longrightarrow Y$$

(5.2.3) <u>LEMME</u> : Avec les notations ci-dessus, supposons :

a) que a,b sont injectifs

b) que les sommes amalgamées D, D' satisfont la condition (H)

c) que $\xi : X' \longrightarrow X$ est injectif.

Alors on peut trouver des sections σ de $\pi : B \twoheadrightarrow X$, σ' de $\pi' : B' \twoheadrightarrow X'$ telles que le diagramme :

$$\begin{array}{ccc} A' \otimes X' & \xrightarrow{\tilde{\sigma}'} & B' \\ {\scriptstyle a \otimes \xi}\downarrow & & \downarrow{\scriptstyle b} \\ A \otimes X & \xrightarrow{\tilde{\sigma}} & B \end{array}$$

soit commutatif.

<u>Preuve</u> : D'après (5.2.1) on peut trouver σ, σ' sections de π, π' respectivement telles que $b\sigma' = \sigma\xi$ puisque par hypothèse b et ξ sont injectifs ; on a alors :

$$\begin{aligned} \tilde{\sigma}(a \otimes \xi) &= m_B(i \otimes \sigma)(a \otimes \xi) \\ &= m_B(ia \otimes \sigma\xi) \\ &= m_B(bi' \otimes b\sigma') = m_B(b \otimes b)(i' \otimes \sigma') \end{aligned}$$

et comme b est un morphisme d'algèbres,

$$\tilde{\sigma}(a \otimes \xi) = b\, m_{B'}(i' \otimes \sigma') = b\tilde{\sigma}'. \quad \blacksquare$$

(5.2.4) Considérons maintenant les $\underline{\underline{k}}$-espaces vectoriels R', S', T' définis de manière analogue à R,S,T comme il a été dit ; alors ξ et η définissent de manière évidente des applications $\underline{\underline{k}}$-linéaires :

$r : R' \longrightarrow R$

$s : S' \longrightarrow S$

$t : T' \longrightarrow T$

Nous pouvons alors énoncer :

(5.2.5) <u>PROPOSITION</u> : Avec les notations ci-dessus, supposons :

a) que les sommes amalgamées D' et D satisfont la condition (H)

b) que a,b,c sont injectifs

c) que ξ et η sont injectifs

Alors $d : b \amalg_a c : B' \amalg_{A'} C' \longrightarrow B \amalg_A C$
est injectif.

<u>Preuve</u> : D'après le lemme précédent, on peut trouver des sections :

$\sigma' : X' \longrightarrow B'$, $\sigma : X \longrightarrow B$, $\tau' : Y' \longrightarrow C'$, $\tau : Y \longrightarrow C$
telles que le diagramme :

$$\begin{array}{ccccccccc}
B' \otimes S' & \xleftarrow[\tilde{\sigma}' \otimes S']{\sim} & A' \otimes X' \otimes S' & = & A' \otimes R' & = & A' \otimes Y' \otimes T' & \xrightarrow{\tilde{\tau}' \otimes T'} & C' \otimes T' \\
\downarrow{\scriptstyle \otimes s} & & \downarrow{\scriptstyle a \otimes \xi \otimes s} & & \downarrow{\scriptstyle a \otimes r} & & \downarrow{\scriptstyle a \otimes \eta \otimes t} & & \downarrow{\scriptstyle c \otimes t} \\
B \otimes S & \xleftarrow{\tilde{\sigma} \otimes S} & A \otimes X \otimes S & = & A \otimes R & = & A \otimes Y \otimes T & \xrightarrow{\tilde{\tau} \otimes T} & C \otimes T
\end{array}$$

commute : les structures de D'-modules sur $A' \otimes R'$, et de D-module sur $A \otimes R$:

$m' : D' \otimes A' \otimes R' \longrightarrow A' \otimes R'$

$m : D \otimes A \otimes R \longrightarrow A \otimes R$

définies comme dans la démonstration du théorème (5.1.4) sont telles que $(a \otimes r)m' = m(d \otimes a \otimes r)$

Nous avons défini l'isomorphisme de D-module :

$$\alpha : D = D \otimes \underline{\underline{k}} \hookrightarrow D \otimes A \otimes R \xrightarrow{m} A \otimes R$$

Définissant de même l'isomorphisme $\alpha' : D' \longrightarrow A' \otimes R'$, il vient :

$$\alpha^{-1}(a \otimes r)\alpha' = d$$

A présent, comme ξ et η sont des injections, il en est de même de r, donc de $a \otimes r$ et par conséquent de d. ■

(5.2.6) En pratique, la condition que $\xi : X' \longrightarrow X$ et $\eta : Y' \longrightarrow Y$ soient injectifs n'est pas facile à vérifier. Dans le cas des algèbres de Hopf cocommutatives sur $\mathbb{Q}$, qui nous intéresse plus particulièrement, on a le critère suivant :

<u>PROPOSITION (5.2.6)</u> : Soit le carré commutatif dans <u>Hopf</u>^{c} ($\underline{\underline{k}} = \mathbb{Q}$)

$$\begin{array}{ccc} A' & \overset{i'}{\rightarrowtail} & B' \\ {\scriptstyle a}\big\downarrow & & \big\downarrow{\scriptstyle b} \\ A & \overset{i}{\rightarrowtail} & B \end{array}$$

dans lequel toutes les flèches sont des injections, et soit :

$$\xi = \mathbb{Q} \otimes_a b : X' \longrightarrow X \text{ comme ci-dessus}$$

$$i'' = \mathbb{Q} \otimes_{i'} i : A'' = \mathbb{Q} \otimes_{A'} A \longrightarrow \mathbb{Q} \otimes_{B'} B = B''$$

Alors les assertions suivantes sont équivalentes :

(1) : le carré est cartésien

(2) : ξ est injectif

(3) : i'' est injectif.

<u>Preuve</u> : Par symétrie, il suffit de prouver (1) $\Longleftrightarrow$ (2). Comme les algèbres de Hopf considérées sont cocommutatives, les espaces vectoriels X, X', A", B" sont naturellement munis d'une structure de coalgèbre cocommutative. Il résulte d'un théorème de [11] ,II, prop. 4.1 et 4.2 que la suite d'espaces vectoriels gradués :

$$0 \longrightarrow PA \xrightarrow{Pi} PB \longrightarrow PX \longrightarrow 0$$

est exacte.

L'hypothèse car $\underline{\underline{k}} = 0$ est ici essentielle ; on notera d'autre part que si PA et PB sont des algèbres de Lie, PX n'est une algèbre de Lie que si le morphisme i est normal. Comme $\xi : X' \longrightarrow X$ est un morphisme de coalgèbres, ξ est injectif ssi $P\xi : PX' \longrightarrow PX$ est injectif [[9] prop.3.9].

A présent, comme $P : {}_{\mathbb{Q}}\underline{\mathrm{Hopf}}^c \longrightarrow {}_{\mathbb{Q}}\underline{\mathrm{Lie}}$ est une équivalence de catégories, le carré commutatif considéré est cartésien ssi son image par P l'est, et il est clair qu'un carré dans ${}_{\mathbb{Q}}\underline{\mathrm{Lie}}$ est cartésien ssi le carré d'espaces vectoriels gradués sous-jacents est cartésien. Finalement nous sommes ramenés à montrer qu'étant donné le diagramme d'espaces vectoriels :

$$\begin{array}{ccccccccc}
0 & \longrightarrow & PA' & \xrightarrow{Pi'} & PB' & \longrightarrow & PX' & \longrightarrow & 0 \\
 & & \downarrow{\scriptstyle Pa} & & \downarrow{\scriptstyle Pb} & & \downarrow{\scriptstyle P\xi} & & \\
0 & \longrightarrow & PA & \xrightarrow{Pi} & PB & \longrightarrow & PX & \longrightarrow &
\end{array}$$

dans lequel les lignes et les colonnes sont exactes, alors le carré de gauche est cartésien ssi $P\xi$ est injectif : ceci est élémentaire et d'ailleurs vrai dans une catégorie abélienne quelconque. ■

On en déduit alors immédiatement la :

(5.2.7) <u>PROPOSITION</u> : Soit le carré commutatif dans la catégorie ${}_{\mathbb{Q}}\underline{\mathrm{Hopf}}^c$:

$$\begin{array}{ccccc}
B' & \xleftarrow{i'} & A' & \xrightarrow{j'} & C' \\
{\scriptstyle b}\downarrow & & {\scriptstyle a}\downarrow & & \downarrow{\scriptstyle c} \\
B & \xleftarrow{i} & A & \xrightarrow{j} & C
\end{array}$$

dans lequel toutes les flèches sont des injections et les deux carrés cartésiens. Alors le morphisme $d = b \amalg_a c : B' \amalg_{A'} C' \longrightarrow B \amalg_A C$ est injectif. ■

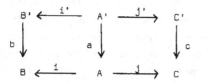

5.3. CONSTRUCTION D'ALGEBRES POSSEDANT LA PROPIETE $(\mathbb{P}_n)$

Désormais le mot "algèbre" désignera toujours un objet de la catégorie $\underline{\underline{k}}$ $\underline{\mathrm{Hopf}}^c$.

(5.3.1) En plus de la notion d'algèbre possédant la propriété $(\mathbb{P}_n)$, il est utile d'introduire la notion suivante :

DEFINITION (5.3.1) : On dira qu'une algèbre A de $\underline{\underline{k}}$ $\underline{\mathrm{Hopf}}^c$ est petite si l'espace vectoriel bigradué $\mathrm{Tor}^A_{*,*}(\underline{\underline{k}},\underline{\underline{k}})$ est de dimension totale finie.

Une algèbre petite est donc en particulier de dimension homologique finie et de présentation finie. Ainsi, une algèbre libre de type fini, une algèbre de polynômes primitivement engendrée par un nombre fini de générateurs de degrés pairs sont des exemples d'algèbres petites. D'autres exemples sont fournis par les énoncés qui vont suivre :

(5.3.2) LEMME : Une algèbre A est petite ssi pour tout A-module à droite M et tout A-module à gauche N, tous deux de dimension totale finie, l'espace vectoriel $\mathrm{Tor}^A_{*,*}(M,N)$ bigradué est de dimension totale finie.

Preuve : La condition est trivialement suffisante. La nécéssité s'obtient en considérant d'abord une résolution A-projective minimale de $\underline{\underline{k}}$: on voit alors que $\mathrm{Tor}^A_{*,*}(\underline{\underline{k}},N)$ est l'homologie d'un complexe fini dont le p-ième terme est isomorphe à $\mathrm{Tor}^A_{p,}(\underline{\underline{k}},\underline{\underline{k}}) \otimes N$, ce qui prouve l'assertion pour $M = \underline{\underline{k}}$. Le choix d'une résolution minimale de N montre alors que $\mathrm{Tor}^A_{*,*}(M,N)$ est l'homologie d'un complexe dont le p-ième terme est isomorphe à $M \otimes \mathrm{Tor}^A_{p,*}(\underline{\underline{k}},N)$, d'où le résultat.

(5.3.3) RAPPEL : La suite de k Hopf^c :

$$\underline{\underline{k}} \longrightarrow A' \xrightarrow{j} A \xrightarrow{p} A'' \longrightarrow \underline{\underline{k}}$$

sera dite exacte (on dira aussi que c'est une extension) si p est un épimorphisme et j est un noyau de p dans $\underline{\underline{k}}$ $\underline{\mathrm{Hopf}}^c$, i.e. $A' \cong A\backslash\backslash A'' = A \,\square_{A''}\, \underline{\underline{k}}$.

Le monomorphisme j est alors normal, et l'on a :

$A'' \cong A//A' = \underline{\underline{k}} \otimes_{A'} A \cong A \otimes_{A'} \underline{\underline{k}}$. Une telle suite exacte est aussi coexacte. D'autre part, il existe un isomorphisme $A \cong A' \otimes A''$ de A'-modules et de A"-comodules [[9] prop. 4.4].

Une suite exacte de $\underline{k}$ $\underline{Lie}$ est une suite de $\underline{k}$ $\underline{Lie}$ qui est exacte comme suite de $\underline{k}$-espaces vectoriels. Le foncteur U : $\underline{k}$ $\underline{Lie} \longrightarrow \underline{k}$ $\underline{Hopf}^c$ est exact. Si $\underline{k} = \mathbb{Q}$, le foncteur P est aussi exact car c'est un quasi-inverse pour U, et l'on peut caractériser les suites exactes de $_{\mathbb{Q}}\underline{Hopf}^c$ par la propriété que leur image par P est exacte dans $_{\mathbb{Q}}\underline{Lie}$.

Si car k $\neq$ 0, le défaut d'exactitude de P est étudié dans [11] , II.

(5.3.4) PROPOSITION : Soit la suite exacte de $\underline{k}$ $\underline{Hopf}^c$:

$$\underline{k} \longrightarrow A' \xrightarrow{j} A \xrightarrow{p} A'' \longrightarrow \underline{k}$$

dans laquelle les algèbres A' et A" sont petits. Alors A est petite.

PREUVE : Considérons la suite spectrale de l'extension :

$$E^2_{p,q,*} = \mathrm{Tor}^{A'}_{p,*}(\underline{k}, \mathrm{Tor}^{A'}_{q,*}(\underline{k},\underline{k}) \Longrightarrow \mathrm{Tor}^{A}_{p+q,*}(\underline{k},\underline{k})$$

cette dernière est la version graduée de la suite de Lyndon ou de Hoschild-Serre on peut l'obtenir à partir de la suite spectrale de changement d'anneau associée au morphisme p en tenant compte des isomorphismes

$$\mathrm{Tor}^{A'}_{q,*}(\underline{k},\underline{k}) \xrightarrow[\sim]{c} \mathrm{Tor}^{A}_{q,*}(\underline{k} \otimes_{A'} A,\underline{k}) \cong \mathrm{Tor}^{A}_{q,*}(A'',\underline{k})$$

L'hypothèse entraîne alors que l'espace vectoriel trigradué $E^2_{*,*,*}$ est de dimension totale finie, d'après le lemme précédent. Il en est donc de même de $E^{\infty}_{*,*,*}$ et donc de $\mathrm{Tor}^{A}_{*,*}(\underline{k},\underline{k})$. ∎

(5.3.5) PROPOSITION :

Si dans la somme amalgamée

$$D = B \amalg_A C$$

de $\underline{k}$ $\underline{Hopf}^c$, les algèbres A, B, C sont petites, alors D est petite.

PREUVE : Conséquence immédiate de la suite exacte de "Mayer-Vietoris" (5.1.9). ∎

En particulier, un produit fini ou un coproduit fini d'algèbres petites est une algèbre petite.

(5.3.6) Nous pouvons maintenant passer à la construction proprement dite : nous supposerons désormais $\underline{k} = \mathbb{Q}$. La remarque suivante est à la base de la construction :

(5.3.6) Soit $j : A \longrightarrow B$ un monomorphisme de $_{\mathbb{Q}}\underline{\text{Hopf}}^c$ tel que A possède $(\mathbb{P}_n)$ et B soit petite.

Alors l'algèbre $B \amalg_A B$ possède la propriété $(\mathbb{P}_{n+1})$. ceci résulte immédiatement de la considération de la suite exacte (5.1.9).

On obtiendra ainsi une construction par récurrence si l'on peut plonger $B \amalg_A B$ dans une algèbre petite. A cet effet, nous introduisons la notion suivante :

(5.3.7) DEFINITION :(Cette définition s'inspire de la notion de "benign subgroup" introduite par G. Higman dans [6]). Une algèbre $A' \in {}_{\mathbb{Q}}\underline{\text{Hopf}}^c$ sera dite anodine s'il existe une suite exacte :

$$\mathbb{Q} \longrightarrow A' \xrightarrow{j} A \xrightarrow{p} A'' \longrightarrow \mathbb{Q}$$

dans laquelle les algèbres A et A" sont petites. On dira de même qu'un monomorphisme normal $j : A' \longrightarrow A$ est <u>anodin</u> si A et A//j sont petites.

Il est clair que toute algèbre petite est anodine et que si A est petite, les morphismes $A : A \longrightarrow A$ et $1 : \underline{k} \longrightarrow A$ sont anodins.

L'intérêt de cette notion réside dans la propriété suivante :

(5.3.8) PROPOSITION :

Si $j : A' \longrightarrow A$ est un monomorphisme normal anodin, l'algèbre $A \amalg_{A'} A$ est anodine.

PREUVE : Soit A" = A//A'. Par hypothèse A" est petite, et on a la suite exacte :

$$\mathbb{Q} \longrightarrow A' \xrightarrow{j} A \xrightarrow{p} A'' \longrightarrow \mathbb{Q}$$

Soit B une extension de A par A" telle que l'on ait le morphisme d'extensions :

$$(a)\quad \begin{array}{ccccccccc} \mathbb{Q} & \longrightarrow & A' & \xrightarrow{j} & A & \xrightarrow{p} & A'' & \longrightarrow & \mathbb{Q} \\ & & \downarrow j & & \downarrow & & \| & & \\ \mathbb{Q} & \longrightarrow & A & \xrightarrow{k} & B & \xrightarrow{q} & A'' & \longrightarrow & \mathbb{Q} \end{array}$$

Une telle extension existe toujours : on peut prendre par exemple :

$B = A \otimes A''$

$k : A = A \otimes \mathbb{Q} \xrightarrow{A \otimes 1} A \otimes A'' = B$

$q : B = A \otimes A'' \xrightarrow{\varepsilon \otimes A''} \mathbb{Q} \otimes A'' = A''$

$\ell : A \xrightarrow{\Delta} A \otimes A \xrightarrow{A \otimes p} A \otimes A'' = B$

mais il y a en général d'autres possibilités. Considérons alors la suite :

$$Q \longrightarrow A \amalg_{A'} A \xrightarrow[k \amalg_j k]{} B \amalg_A B \xrightarrow[q \amalg_p q]{} A'' \longrightarrow \mathbb{Q}$$

Il est clair que la composée $(q \amalg_p q) \circ (k \amalg_j k) = \mathbb{Q}$ et que $q \amalg_p q$ est surjective. D'après les propositions (5.2.6) et (5.2.7), le morphisme $k \amalg_j k$ est injectif. Soit C le noyau de $q \amalg_p q$ dans la catégorie $\mathbb{Q}\underline{\text{Hopf}}^c$. Alors $k \amalg_j k$ factorise à travers C en $\Theta : A \amalg_{A'} A \longrightarrow C$ qui est injectif. Commes toutes les algèbres considérées sont de dimension finie en chaque degré, il suffit de montrer que les séries de Poincaré de $A \amalg_{A'} A$ et C sont égales, pour assurer que Θ est un isomorphisme.

Or :

$$P(C;t) = P(B \amalg_A B;t) . \left[P(A'';t) \right]^{-1}$$

puisque $B \amalg_A B \simeq C \otimes A''$ additivement.

D'après (5.1.10), on a :

$$P(B \amalg_A B;t) = \left[\frac{2}{P(B;t)} - \frac{2}{P(A;t)} \right]^{-1}$$

et de même :

$$P(A \amalg_{A'} A;t) = \left[\frac{2}{P(A;t)} - \frac{1}{P(A';t)} \right]^{-1}$$

L'égalité cherchée vient alors de ce que :

$$P(A';t) \times P(A'';t) = P(A;t)$$

$$P(A\ ;t) \times P(A'';t) = P(B;t)$$

Il s'ensuit que la suite (5.2.8 b) est exacte. A présent, B est petite d'après (5.3.4) et donc $B \amalg_A B$ d'après (5.3.5). Ceci achève la démonstration de la proposition (5.3.8). ∎

(5.3.9) Etant donné une algèbre anodine A', on lui associe une suite d'algèbres anodines (A^n) comme suit : on pose $A^1 = A'$, et si A^n est définie pour $n \geq 1$, soit B^n une algèbre petite contenant A^n comme sous-algèbre normale et telle que $B^n//A^n$ soit petite. On pose alors $A^{n+1} = B^n \amalg_{A^n} B^n$, et A^{n+1} est anodine d'après (5.3.8). A présent, la remarque (5.3.6) montre que si $A^1 = A'$ possède la propriété (P_1), alors A^n possède la propriété $(\mathbb{P}_n)$.

Pour achever la construction, il nous reste plus qu'à donner des exemples d'algèbres anodines possédant la propriété $(\mathbb{P}_1)$: i.e. par exemple d'algèbres anodines libres de type infini.

<u>(5.3.10) PROPOSITION</u> : Soit $p : A \longrightarrow A''$ un épimorphisme non nul $(A'' \neq \mathbb{Q})$ et non bijectif de $\underline{\text{Hopf}}^c_{\mathbb{Q}}$. Alors si A est libre de type fini et A" est petite, le noyau $A' = A\backslash\backslash A''$ de p est libre de type infini.

<u>PREUVE</u> : Notons d'abord que A' est anodine car A est libre de type fini, donc petite, et l'on a la suite exacte

$$\mathbb{Q} \longrightarrow A' \hookrightarrow A \longrightarrow A'' \longrightarrow \mathbb{Q}.$$

Comme A' est une sous-algèbre d'une algèbre libre, A' est libre (Appendice 1.10), et donc sa série de Poincaré est donnée par (Appendice 2.5)

$$P(A';t) = (1 - P(QA';t))^{-1}$$

Il suffit donc de vérifier que $P(QA';t)$ n'est pas un polynôme. Il vient :

$$P(A';t) = P(A;t)/P(A'';t)$$

Posons $\alpha(t) = P(QA;t)$; on a :

$$P(A;t) = \frac{1}{1-\alpha(t)}$$ et $\alpha(t)$ est un polynôme qui s'annule pour $t = 0$

Comme A" est petite, on peut poser

$$P(A'';t) = \frac{1}{1-\beta(t)}$$

où $\beta(t) = \sum_{p=1}^{\infty} (-1)^p P(\mathrm{Tor}^{A''}_{p,x}(\underline{\underline{k}},\underline{\underline{k}});t)$ est un polynôme qui s'annule pour $t = 0$

Finalement :

$$P(QA';t) = \frac{\alpha(t) - \beta(t)}{1 - \beta(t)}$$

comme par hypothèse $1 \neq \alpha(t) \neq \beta(t)$ et $\beta(t) \neq 0$, on voit que $P(QA';t)$ n'est pas un polynôme.

(5.3.11) L'exemple le plus simple d'épimorphisme satisfaisant aux hypothèses de la proposition précédente est sans doute le suivant :

$A = T(a,b)$ primitivement engendré par a,b avec $|a| = m > 0$, $|b| = n > 0$

$A'' = T(a)$

$p : A \longrightarrow A''$ défini par $pa = a$, $pb = 0$. On montre alors facilement que $A' = \operatorname{Ker} p = A \backslash\backslash A''$ est librement engendré par les éléments b_i, $i \geqslant 0$ définis inductivement par :

$b_0 = b$, $b_{i+1} = [b_i, a]$

Nous reviendrons sur cet exemple plus loin. Le lemme suivant fournit d'autres exemples :

(5.3.12) <u>LEMME</u> : Soit le carré commutatif

$$\begin{array}{ccc} A & \overset{i}{\hookrightarrow} & B \\ {\scriptstyle i}\downarrow & & \downarrow \\ C & \hookrightarrow & E \end{array}$$

dans la catégorie $\underline{Hopf}^c_{\mathbb{Q}}$, et soit

$$p : D = B \amalg_A C \longrightarrow E$$

le morphisme naturel. Si toutes les flèches du carré sont injectives et si p est surjectif, alors $A' = \operatorname{Ker} p = D \backslash\backslash E$ est libre.

<u>PREUVE</u> : A' est libre ssi $\operatorname{Tor}^{A'}_{2,*}(\mathbb{Q},\mathbb{Q}) = 0$. Or, $E \cong \mathbb{Q} \otimes_{A'} D$, d'où l'isomorphisme.

$$\operatorname{Tor}^{A'}_{2,*}(\mathbb{Q},\mathbb{Q}) \xrightarrow[\cong]{c} \operatorname{Tor}^{D}_{2,*}(E,\mathbb{Q})$$

La suite exacte (5.1.9) nous donne la suite exacte :

$$\operatorname{Tor}^{B}_{2,*}(E,\mathbb{Q}) \oplus \operatorname{Tor}^{C}_{2,*}(E,\mathbb{Q}) \longrightarrow \operatorname{Tor}^{D}_{2,*}(E,\mathbb{Q}) \xrightarrow{\partial} \operatorname{Tor}^{A}_{1,*}(E,\mathbb{Q})$$

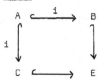

d'où comme E est un B-, C-, et A-module libre,

$$\mathrm{Tor}^{D}_{2,*}(E,Q) \;=\; \mathrm{Tor}^{A'}_{2,*}(\mathbb{Q},\mathbb{Q}) = 0. \;\blacksquare$$

(5.3.13) COROLLAIRE[1] : Les noyaux des morphismes canoniques

$$\begin{pmatrix} A & * \\ * & B \end{pmatrix} : A \amalg B \longrightarrow A \boxtimes B$$

$$\nabla_A \quad : A \amalg A \longrightarrow A$$

sont des algèbres libres, quelles que soient A et B.

PREUVE : On applique le lemme précédent aux diagrammes :

$$\begin{array}{ccc} \mathbb{Q} & \longrightarrow & A \\ \downarrow & & \downarrow \\ B & \longrightarrow & A \boxtimes B \end{array} \qquad \begin{array}{ccc} \mathbb{Q} & \longrightarrow & A \\ \downarrow & & \downarrow = \\ A & \xrightarrow{=} & A \end{array} \quad \blacksquare$$

(5.3.14) Un calcul de séries de Poincaré montre facilement que si dans le corollaire précédent A et B sont petites et non nulles, les noyaux $\begin{pmatrix} A & * \\ * & B \end{pmatrix}$ et ∇_A sont libres de type infini. Soient en effet $C' = \ker \begin{pmatrix} A & * \\ * & B \end{pmatrix}$, $C'' = \mathrm{Ker}\ \nabla_A$

et posons :

$[P(A;t)]^{-1} = 1 - \alpha(t)$ $\qquad \alpha(t) \neq 0$

$[P(B;t)]^{-1} = 1 - \beta(t)$ $\qquad \beta(t) \neq 0$

$[P(C',t)]^{-1} = 1 - \gamma'(t)$, $[P(C'';t)]^{-1} = 1 - \gamma''(t)$.

Par définition de C' et C", on a :

$$(1 - \gamma'(t))\,(1 - \alpha(t))\,(1 - \beta(t)) = 1 - \alpha(t) - \beta(t)$$

$$\text{soit } \gamma'(t) = \frac{\alpha(t)\quad \beta(t)}{1 - \alpha(t))(1 - \beta(t))}$$

$$(1 - \gamma''(t))\,(1 - \alpha(t)) = 1 - 2\,\alpha(t)$$

$$\text{soit } \gamma''(t) = \frac{\alpha(t)}{1 - \alpha(t)}$$

Comme α et β sont des polynômes en t, on voit que γ' et γ'' ne sont pas des polynômes. Par construction, C' et C" sont alors des algèbres anodines satisfaisant la propriété $(\mathbb{P}_1)$.

(1) J.C.Moore m'a signalé que B.Smith (ph.D.Thesis, Princeton) a obtenu ces résultats pour les algèbres de Lie non graduées.

(5.3.15) Le lemme (5.3.12), et des calculs du type précédent permettent de fabriquer bien d'autres exemples d'algèbres anodines et $(\mathbb{P}_1)$: citons-en un dernier pour conclure : soient A et B petites, $A \subset B$, $A \neq B$. Alors le noyau du morphisme $B \amalg_A B \longrightarrow B$ défini par le diagramme :

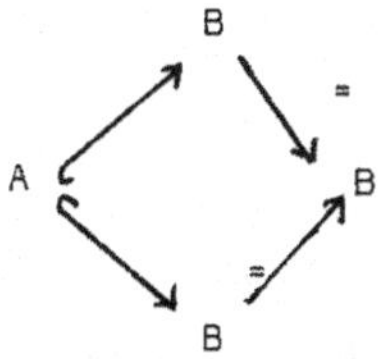

est une algèbre anodine libre de type infini. (Pour $A = \underline{\underline{k}}$ on retrouve Ker ∇_B)

5.4. EXEMPLES.

(5.4.0) La méthode décrite en (5.3.9) permet de construire par récurrence, pour chaque entier n, une algèbre A^n qui poddède la propriété $(\mathbb{P}_n)$.

Dans la pratique, l'application directe de cette méthode ne fournit pas naturellement des présentations minimales. Nous nous proposons, pour conclure, d'exposer une construction légèrement modifiée, qui fournira les exemples du lemme (3.3.6).

Dans ce qui suit, "algèbre" désigne un élément de ${}_{\mathbb{Q}}\underline{\mathrm{Hopf}}^c$ et toutes les présentations considérées sont primitives par hypothèse.

(5.4.1) Les lettres a et b désignent des éléments de degrés respectifs m et n. Tout élément désigné par la lettre a affectée d'indices est par hypothèse de degré m. Nous noterons simplement $\{(a_i)\}$ l'algèbre libre engendrée par les éléments a_i.

Soit $p : \{a,b\} \longrightarrow \{a\}$

l'homomorphisme d'algèbres défini par pa = a, pb = 0. Posons A^1 = Ker p. C'est la sous-algèbre de {a,b} des éléments de poids non nul en b ; elle contient en particulier les éléments b_i, $i \geq 0$ définis en (5.3.11). Montrons d'abord que $A^1 = \{b_i\}$. Les éléments décomposables de A^1 sont de poids ≥ 2 en b par suite les b_i sont indécomposables.

Le calcul de la série de Poincaré donne :

$$P(A^1 ; t) = P(\{a,b\} ; t) / P(\{a\} ; t)$$

$$= (1 - \frac{t^n}{1-t^m})^{-1}$$

Comme A^1 est libre, on a d'autre part :

$$P(A^1 ; t) = (1 - P(QA^1 ; t))^{-1}$$

d'où $P(QA^1 ; t) = t^n + t^{n+m} + \ldots + t^{n+im} + \ldots$

et le résultat annoncé s'obtient en remarquant que $|b_i| = n + im$.

(5.4.2) Soit maintenant C^1 l'algèbre dont une présentation est :

$$C^1 = \{b,a,a' \mid [b,a] = [b,a'],[a,a'] = 0\}$$

et considérons les éléments b_i et b_i' définis par récurrence par :

$$b_o = b = b_o'$$

$$b_{i+1} = [b_i,a]$$

$$b_{i+1}' = [b_i',a']$$

on vérifie facilement par récurrence le résultat suivant :

(5.4.3) LEMME.

$\forall i \geq 0 \quad b_i' = (-1)^{m\frac{i(i-1)}{2}} b_i$. ∎

Autrement dit, on a $b_i = b_i'$ si $i \equiv 0$ ou 1 mod.4, et $b_i = (-1)^m b_i'$ si $i \equiv 2$ ou 3 mod 4.

Considérons à présent le diagramme suivant :

$$\begin{array}{ccccccccc}
0 & \longrightarrow & A^1 & \xrightarrow{\tilde{j}} & \{a,b\} & \longrightarrow & \{a\} & \longrightarrow & 0 \\
 & & \downarrow{\scriptstyle j} & & \downarrow{\scriptstyle k} & & \| & & \\
0 & \longrightarrow & \{a',b\} & \xrightarrow{\ell} & C^1 & \longrightarrow & \{a\} & \longrightarrow & 0
\end{array}$$

dans lequel : $\tilde{j}\, b_i = (-1)^{m\frac{i(i-1)}{2}}\, b_i$

$j\, b_i = b_i'$

$ka = a,\ kb = b$

$\ell a' = a',\ \ell b = b$

ce diagramme est commutatif d'après le lemme. De plus les lignes sont exactes. Ceci résulte du n°(5.4.1) pour la ligne du haut, et pour la ligne du bas on remarque que C^1 peut être considérée comme le produit semi-direct de $\{a',b\}$ par $\{a\}$, l'action de a sur $\{a',b\}$ étant donnée par :

$$[b,a] = [b,a']$$
$$[a',a] = 0$$

(5.4.4) Nous utilisons ce diagramme pour appliquer la proposition (5.3.8). Posons $B^1 = \{a',b\}$, et $A^2 = B_1^1 \amalg_{A^1} B_2^1$; les indices inférieurs servent à distinguer les exemplaires de B^1, et l'amalgamation est faite suivant j. Une présentation minimale de A^2 est donnée par :

$$A^2 = \{b, a_1', a_2' \mid (b_i')_1 = (b_i')_2 \quad \forall i > 0\}$$

et on vérifie que gl. dim $A^2 = 2$ et que A^2 possède la propriété $(\mathbb{P}_2)$

Posons ensuite $B^2 = C_1^1 \amalg_{\{a,b\}} C_2^1$.

Cette algèbre est petite, et une présentation minimale en est donnée par :

$$B^2 = \left\{ b, a, a_1', a_2' \;\middle|\; \begin{array}{l} [b,a] = [b,a_1'] = [b,a_2'] \\ [a,a_1'] = [a,a_2'] = 0 \end{array} \right\}$$

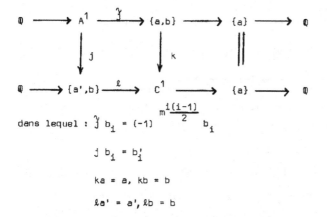

Le morphisme $j^2 = \ell \amalg_{j} \ell \ : A^2 \longrightarrow B^2$ s'identifie à l'inclusion de la sous-algèbre engendrée par b, a'_1, a'_2, et l'on a la suite exacte :

$$0 \longrightarrow A^2 \xrightarrow{j^2} B^2 \longrightarrow \{a\} \longrightarrow 0$$

qui permet de considérer B^2 comme le produit semi-direct de A^2 par $\{a\}$, pour l'action définie par :

$$[b,a] = [b,a'_1] = [b,a'_2]$$
$$[a'_1,a] = 0 = [a'_2,a]$$

On définit alors A^3 par $B_1^2 \amalg_{A^2} B_2^2$, et l'on vérifie sans peine que A^3 n'est autre que l'algèbre définie au lemme (3.3.8).

(5.4.5) Plus généralement, considérons l'algèbre A^n, $n \geq 3$, définie par la présentation suivante :

$$A^n = \{b,\ a_1^{(1)},\ a_2^{(1)}, \dots,\ a_1^{(i)},\ a_2^{(i)}, \dots, a_1^{(n-1)},\ a_2^{(n-1)}\ \Big|$$

$1 \leq i \leq n$; $j = 1,2$; $[b,\ a_j^{(i)}] = \text{cste}$

$1 \leq i' < i'' < n$; $j' = 1,2$; $j'' = 1,2$; $[a_{j'}^{(i')},\ a_{j''}^{(i'')}] = 0\}$

qui comporte donc $2n-1$ générateurs liés par $(2n-3) + 2(n-1)(n-2) = 2n^2-4n+1$ relations.

Soit B^n le produit semi-direct de A^n par $\{a\}$, pour l'action définie par :

$\forall j, \forall j$ $[b,a] = [b,a_j^{(i)}]$

$[a_j^{(i)},a] = 0$

Alors on vérifie immédiatement que :

$$A^{n+1} = B^n \amalg_{A^n} B^n$$

et ceci permet d'établir par récurrence, au moyen de la suite exacte de Mayer-Viétoris (5.1.9), que A^n est de dimension globale n et possède la propriété $(\mathbb{P}_n)$ pour chaque entier $n > 0$.

APPENDICE :

A.1. Modules sur les algèbres graduées connexes :

(A.1.0) Modules étendus.

Soit $\underline{\underline{k}}$ Vect la catégorie des $\underline{\underline{k}}$-espaces vectoriels gradués, et soit A une $\underline{\underline{k}}$-algèbre graduée connexe. Notons A-Mod la catégorie des A-modules gradués, définis comme dans [9] , § 1. Le foncteur d'oubli :

$$_{A}\mathrm{Mod} \longrightarrow \underline{\underline{k}}\ \mathrm{Vect}$$

admet un coadjoint : ce dernier associe à l'espace vectoriel gradué X le A-module $A \otimes X$, dont la structure est définie par :

$$A \otimes A \otimes X \xrightarrow{m \otimes X} A \otimes X$$

où $m : A \otimes A \longrightarrow A$ est la multiplication de A.
On dit que $A \otimes X$ est un A-module étendu. On notera que comme $\underline{\underline{k}}$ est un corps, tout module étendu est libre : toute $\underline{\underline{k}}$-base de X fournit une A-base de $A \otimes X$.

(A.1.1) Soit M un A-module à gauche, et soit s une section de la surjection canonique :

$$\pi : M \longrightarrow \underline{\underline{k}} \otimes_A M$$

Considérons la composée $\tilde{s} = \mu \circ (A \otimes s)$:

$$A \otimes (\underline{\underline{k}} \otimes_A M) \xrightarrow{A \otimes s} A \otimes M \xrightarrow{\mu} M$$

où μ est le morphisme de structure de M.

Par construction, $\underline{\underline{k}} \otimes_A \tilde{s}$ est l'identité de $\underline{\underline{k}} \otimes_A M$, donc $\tilde{s}$ est un épimorphisme d'après (1.0.1). On notera que $\tilde{s}$ est le morphisme adjoint de s.

(A.1.2) PROPOSITION :

Soit M un module sur l'algèbre connexe A. Alors M est A-libre si et seulement si $\mathrm{Tor}_1^A(\underline{\underline{k}},M) = 0$

Preuve : Si $M = A \otimes X$, alors M est plat, car le foncteur $? \otimes_A (A \otimes X)$ est isomorphe au foncteur $? \otimes X$ qui est exact, puisque $\underline{\underline{k}}$ est un corps.
Réciproquement, supposons $\mathrm{Tor}_1^A(\underline{\underline{k}},M) = 0$; soit $\tilde{s} : A \otimes (\underline{\underline{k}} \otimes_A M) \longrightarrow M$ comme ci-dessus, et soit $N = \mathrm{Ker}\ \tilde{s}$. On a la suite exacte :

$$0 \;=\; \mathrm{Tor}_1^A(\underline{\underline{k}},M) \longrightarrow \underline{\underline{k}} \otimes_A N \longrightarrow \underline{\underline{k}} \otimes_A M \xrightarrow[\underline{\underline{k}} \otimes_A \tilde{s}]{\simeq} \underline{\underline{k}} \otimes_A M \longrightarrow 0$$

d'où $\underline{\underline{k}} \otimes_A N = 0$, et $N = 0$ par (1.0.1); $\tilde{s}$ est donc un isomorphisme. ■

Ainsi sur la catégorie A Mod, les notions de "projectif", de "plat" et de "libre" coïncident. Plus généralement, on a le théorème "des syzygies" :

(A.1.3) PROPOSITION :

Soit la suite exacte de A-modules :

$$0 \longrightarrow N \longrightarrow P_{n-1} \longrightarrow P_{n-2} \longrightarrow \cdots \longrightarrow P_o \longrightarrow M \longrightarrow 0$$

dans laquelle les modules $P_o, P_1, \ldots, P_{n-1}$ sont libres. Alors N est libre si et seulement si :

$$\mathrm{Tor}^A_{n+1,*}(\underline{\underline{k}},M) = 0$$

Preuve :

En effet le bord itéré :

$$\partial^n : \mathrm{Tor}^A_{n+1}(\underline{\underline{k}},M) \longrightarrow \mathrm{Tor}^A_1(\underline{\underline{k}},N) \text{ est un isomorphisme.} \quad ■$$

(A.1.4) DEFINITION :

Etant donné un module (à gauche) M sur l'algèbre A, une résolution A-libre

$$A \otimes X_* \longrightarrow M$$

de M est dite minimale si :

$$\forall p \geq 0,\ X_p \cong \mathrm{Tor}^A_{p,\alpha}(\underline{\underline{k}},M)$$

Il revient au même de dire que, si

$$d_p : A \otimes X_p \longrightarrow A \otimes X_{p-1}$$

est la différentielle de $A \otimes X_*$, alors $\underline{\underline{k}} \otimes_A d_p = 0$

(A.1.5) PROPOSITION :

Pour toute algèbre connexe A et tout A-module M, il existe une résolution A-libre minimale de M.

Preuve :

On a nécessairement $X_o = \underline{k} \otimes_A M$. Une section $s : \underline{k} \otimes_A M \longrightarrow M$ définit :

$$\tilde{s} : A \otimes X_o \longrightarrow M$$

soit $N_1 = \operatorname{Ker} \tilde{s}$. On a l'isomorphisme de bord :

$$X_1 = \operatorname{Tor}_1^A(\underline{k},M) \xrightarrow{\cong} \underline{k} \otimes_A N_1$$

Soit $s_1 : \underline{k} \otimes_A N_1 \longrightarrow N_1$ une section, on définit d_1 par la composée

$$A \otimes X_1 \cong A \otimes (\underline{k} \otimes_A N_1) \xrightarrow{\tilde{s}_1} N_1 \hookrightarrow A \otimes X_o$$

Comme $\tilde{s}_1$ est surjectif la suite $(d_1, \tilde{s})$ est exacte. Supposons construite la suite exacte :

$$A \otimes X_{r-1} \xrightarrow{d_{r-1}} A \otimes X_{r-2} \longrightarrow \dots \longrightarrow A \otimes X_o \longrightarrow M \longrightarrow 0$$

soit $N_r = \operatorname{Ker} d_{r-1}$, et $s_n = \underline{k} \otimes_A N_r \longrightarrow N_r$ une section de la surjection canonique. Le bord itéré

$$\partial^r : \operatorname{Tor}_r^A(\underline{k},M) = X_r \xrightarrow{\cong} \underline{k} \otimes_A N_r$$

est un isomorphisme, et on définit d_r par

$$A \otimes X_r \cong A \otimes (\underline{k} \otimes_A N_r) \xrightarrow{\tilde{s}_r} N_r \hookrightarrow A \otimes X_{r-1} \qquad \blacksquare$$

En particulier si $M = \underline{k}$ on prendra $\tilde{s} = \varepsilon$ et donc $N_1 = \bar{A}$.

(A.1.6) COROLLAIRE :

Soit A une algèbre de $\underline{k}$ Alg. Les assertions suivantes sont équivalentes :

(i) Il existe $r \geq 0$ tel que $\operatorname{Tor}^A_{r+1,*}(\underline{k},\underline{k}) = 0$

(ii) pour tout A-module à droite N et tout A-module à gauche M, on a :

$$\forall p > r \geq 0, \ \operatorname{Tor}^A_{p,*}(N,M) = 0$$

Preuve : Calculer $\mathrm{Tor}^{A}_{p,*}(N,M)$ au moyen de résolutions minimales. ■

(A.1.7) DEFINITION :

Si A vérifie l'une des conditions du corollaire précédent, on dira que A est de dimension homologique (ou globale) $\leq r$

(A.1.8) REMARQUES :

1) Si gl. dim A = 0, on a évidemment $A = \underline{k}$

2) La proposition (1.2.4) montre que A est une algèbre libre ssi gl. dim A $\leq$ 1.

(A.1.9) COROLLAIRE :

Soit $j : A \longrightarrow B$ un morphisme injectif de $\underline{k}$ Alg, et supposons :

(a) que B est libre

(b) que B est un A-module libre (via j).

Alors A est libre.

Preuve :

D'après (b), le changement d'anneau :

$$c_r : \mathrm{Tor}^{A}_{r}(\underline{k},\underline{k}) \xrightarrow{\simeq} \mathrm{Tor}^{B}_{r}(\underline{k} \otimes_A B,\underline{k})$$

est un isomorphisme. Comme B est libre le terme de droite est nul, donc A est libre d'après la remarque précédente. ■

En particulier la condition (b) est réalisée si j est un morphisme injectif de ${}_{\underline{k}}$Hopf. On en déduit alors la proposition suivante, analogue au théorème de Schreier pour les groupes.

(A.1.10) PROPOSITION :

Soit $L \in {}_{\underline{k}}$Lie une algèbre de Lie libre, et L' une sous-algèbre de L. Alors L' est libre.

Preuve : $U(L') \longrightarrow U(L)$ est un monomorphisme de ${}_{\underline{k}}\mathrm{Hopf}^{c}$ [9] th.6.20, et $U(L)$ est libre : par suite $U(L')$ est libre d'après la remarque qui précède. On a donc $0 = \mathcal{H}_2(L') = \mathrm{Tor}_2^{UL'}(\underline{k},\underline{k})$ et L' est libre d'après les résultats du § 1.3.

A.2. Série de Poincaré d'une algèbre connexe.

(A.2.0) Rappelons que si X est un $\underline{k}$-espace vectoriel positivement gradué, la série de Poincaré de X est la série formelle :

$$P(X;t) = \sum_{p=o}^{\infty} (\dim X_p)\, t^p \in \mathbb{Z}^+ [[t]]$$

La définition de P(X;t) suppose que X est de dimension finie en chaque degré.

(A.2.1) Les propriétés suivantes sont évidentes :

$P(o;t) = o \quad P(\underline{k};t) = 1$

$P(X;t) = \text{tot.dim } X$

$P(s^n X;t) = t^n . P(X;t)$

Si X et Y sont deux $\underline{k}$-espaces vectoriels gradués :

$P(X \oplus Y;t) = P(X;t) + P(X;t)$

$P(X \otimes Y;t) = P(X;t) \times P(Y;t)$

(A.2.2) Soit

$$0 \longrightarrow X' \longrightarrow X \longrightarrow X'' \longrightarrow 0$$

une suite exacte de $\underline{k}$-espaces vectoriels gradués.
Alors on a la relation :

$$P(X;t) = P(X';t) + P(X'';t)$$

Plus généralement, soit X_*, le complexe de $\underline{k}$-espaces vectoriels gradués :

$$\cdots \xrightarrow{d_{n-1}} X_n \xrightarrow{d_n} X_{n-1} \longrightarrow \cdots \longrightarrow X_o \longrightarrow 0$$

et supposons que $(X_n)_p$ est nul sauf pour un nombre fini d'indices n, pour tout p fixé. Alors la somme :

$$\sum_{n=0}^{\infty} (-1)^n P(X_n;t)$$

est définie. On a alors la :

(A.2.3) PROPOSITION :

Sous les hypothèses précédentes, on a la relation :

$$\sum_{n=o}^{\infty} (-1)^n P(X_n;t) = \sum_{n=o}^{\infty} (-1)^n P(H_n(X_*);t)$$

Preuve :

Il suffit de décomposer en petites suites exactes. ■

On en déduit alors la :

(2.4) PROPOSITION :

Soit A une algèbre connexe. Posons :

$$a(t) = P(A;t)$$
$$\tau_n(t) = P(\mathrm{Tor}^A_{n,*}(\underline{\underline{k}},\underline{\underline{k}});t)$$

Alors on a la relation :

$$[a(t)]^{-1} = \sum_{n=o}^{\infty} (-1)^n \tau_n(t)$$

PREUVE :

On applique la proposition (2.3) à une résolution libre minimale de $\underline{\underline{k}}$. On a donc

$$\forall n \geq 0,\ X_n = A \otimes \mathrm{Tor}^A_{n,*}(\underline{\underline{k}},\underline{\underline{k}})$$

Comme A est connexe, $\mathrm{Tor}^A_{n,p}(\underline{\underline{k}},\underline{\underline{k}}) = 0$ si $n>p$, de sorte que $(X_n)_p = 0$ si $n > p$ et que la somme

$$\sum_{n=o}^{\infty} (-1)^n P(X_n;t)$$

est définie. A présent

$$P(X_n;t) = a(t).\ \tau_n(t)$$

et $H_*(X_*) = \underline{\underline{k}}$. La relation (2.3) nous donne donc

$$a(t).\ \sum_{n=o}^{\infty} (-1)^n \tau_n(t) = 1,$$ d'où le résultat. ■

(2.5) COROLLAIRE : Si A est libre, on a

$$P(A;t) = [1 - P(QA;t)]^{-1}.$$ ■

B I B L I O G R A P H I E

[1] J.F. ADAMS - P. HILTON Comm. Math. Helv. 30(1956), p.305-330

[2] R. BOTT - H. SAMELSON Comm. Math. Helv. 27(1953) p. 320-337

[3] H. CARTAN - S. EILENBERG Homological Algebra, Princeton U.Press, 1956

[4] P.M. COHN J. Algebra, 1 (1964) p.47-69

[5] M. GINSBURG Ann. Math. 77 (1963) p.538-551

[6] G. HIGMAN Proc. Roy Soc. Lond. A 262 (1961) p.455-475

[7] J.M. LEMAIRE C. Rend. Acad. Sc. A 269 (1969) 1122-1124 et 1191-1193

[8] J. M. LEMAIRE Conf. H-espaces, Neuchatel 1970, Springer Lect. Notes n°196

[9] J.W. MILNOR - J.C. MOORE Ann. Math. 81 (1965) p.211-264

[10] J.C. MOORE, Actes Cong. Int. Math. Nice 1970, I, p.1-5

[11] J.C. MOORE - L. SMITH Amer. J. Math 90 (1968) I p.752-780, II p.1113-1150

[12] G. PORTER Topology 3 (1965) p.123-135

[13] D.QUILLEN Ann. Math. 90 (1969) p. 205- 295

[14] J.P. SERRE Cours Coll. France 1968-1969 (multigraphié)

[15] J. STALLINGS Am. J. Math. 85 (1963) p.490-503

[16] J. STASHEFF Springer Lect. Notes n°161

[17] C.T.C. WALL Ann. Math. 72 (1960) p.429-444.

INDEX GENERAL

INDEX DES NOTATIONS

Vol. 247: Lectures on Operator Algebras. Tulane University Ring and Operator Theory Year, 1970–1971. Volume II. XI, 786 pages. 1972. DM 40,-

Vol. 248: Lectures on the Applications of Sheaves to Ring Theory. Tulane University Ring and Operator Theory Year, 1970–1971. Volume III. VIII, 315 pages. 1971. DM 26,-

Vol. 249: Symposium on Algebraic Topology. Edited by P. J. Hilton. VII, 111 pages. 1971. DM 16,-

Vol. 250: B. Jónsson, Topics in Universal Algebra. VI, 220 pages. 1972. DM 20,-

Vol. 251: The Theory of Arithmetic Functions. Edited by A. A. Gioia and D. L. Goldsmith VI, 287 pages. 1972. DM 24,-

Vol. 252: D. A. Stone, Stratified Polyhedra. IX, 193 pages. 1972. DM 18,-

Vol. 253: V. Komkov, Optimal Control Theory for the Damping of Vibrations of Simple Elastic Systems. V, 240 pages. 1972. DM 20,-

Vol. 254: C. U. Jensen, Les Foncteurs Dérivés de $\varprojlim$ et leurs Applications en Théorie des Modules. V, 103 pages. 1972. DM 16,-

Vol. 255: Conference in Mathematical Logic – London '70. Edited by W. Hodges. VIII, 351 pages. 1972. DM 26,-

Vol. 256: C. A. Berenstein and M. A. Dostal, Analytically Uniform Spaces and their Applications to Convolution Equations. VII, 130 pages. 1972. DM 16,-

Vol. 257: R. B. Holmes, A Course on Optimization and Best Approximation. VIII, 233 pages. 1972. DM 20,-

Vol. 258: Séminaire de Probabilités VI. Edited by P. A. Meyer. VI, 253 pages. 1972. DM 22,-

Vol. 259: N. Moulis, Structures de Fredholm sur les Variétés Hilbertiennes. V, 123 pages. 1972. DM 16,-

Vol. 260: R. Godement and H. Jacquet, Zeta Functions of Simple Algebras. IX, 188 pages. 1972. DM 18,-

Vol. 261: A. Guichardet, Symmetric Hilbert Spaces and Related Topics. V, 197 pages. 1972. DM 18,-

Vol. 262: H. G. Zimmer, Computational Problems, Methods, and Results in Algebraic Number Theory. V, 103 pages. 1972. DM 16,-

Vol. 263: T. Parthasarathy, Selection Theorems and their Applications. VII, 101 pages. 1972. DM 16,-

Vol. 264: W. Messing, The Crystals Associated to Barsotti-Tate Groups: With Applications to Abelian Schemes. III, 190 pages. 1972. DM 18,-

Vol. 265: N. Saavedra Rivano, Catégories Tannakiennes. II, 418 pages. 1972. DM 26,-

Vol. 266: Conference on Harmonic Analysis. Edited by D. Gulick and R. L. Lipsman. VI, 323 pages. 1972. DM 24,-

Vol. 267: Numerische Lösung nichtlinearer partieller Differential- und Integro-Differentialgleichungen. Herausgegeben von R. Ansorge und W. Törnig. VI, 339 Seiten. 1972. DM 26,-

Vol. 268: C. G. Simader, On Dirichlet's Boundary Value Problem. IV, 238 pages. 1972. DM 20,-

Vol. 269: Théorie des Topos et Cohomologie Etale des Schémas. (SGA 4). Dirigé par M. Artin, A. Grothendieck et J. L. Verdier. XIX, 525 pages. 1972. DM 50,-

Vol. 270: Théorie des Topos et Cohomologie Etale des Schémas. Tome 2. (SGA 4). Dirigé par M. Artin, A. Grothendieck et J. L. Verdier. V, 418 pages. 1972. DM 50,-

Vol. 271: J. P. May, The Geometry of Iterated Loop Spaces. IX, 175 pages. 1972. DM 18,-

Vol. 272: K. R. Parthasarathy and K. Schmidt, Positive Definite Kernels, Continuous Tensor Products, and Central Limit Theorems of Probability Theory. VI, 107 pages. 1972. DM 16,-

Vol. 273: U. Seip, Kompakt erzeugte Vektorräume und Analysis. IX, 119 Seiten. 1972. DM 16,-

Vol. 274: Toposes, Algebraic Geometry and Logic. Edited by. F. W. Lawvere. VI, 189 pages. 1972. DM 18,-

Vol. 275: Séminaire Pierre Lelong (Analyse) Année 1970–1971. VI, 181 pages. 1972. DM 18,-

Vol. 276: A. Borel, Représentations de Groupes Localement Compacts. V, 98 pages. 1972. DM 16,-

Vol. 277: Séminaire Banach. Edité par C. Houzel. VII, 229 pages. 1972. DM 20,-

Vol. 278: H. Jacquet, Automorphic Forms on GL(2). Part II. XIII, 142 pages. 1972. DM 16,-

Vol. 279: R. Bott, S. Gitler and I. M. James, Lectures on Algebraic and Differential Topology. V, 174 pages. 1972. DM 18,-

Vol. 280: Conference on the Theory of Ordinary and Partial Differential Equations. Edited by W. N. Everitt and B. D. Sleeman. XV, 367 pages. 1972. DM 26,-

Vol. 281: Coherence in Categories. Edited by S. Mac Lane. VII, 235 pages. 1972. DM 20,-

Vol. 282: W. Klingenberg und P. Flaschel, Riemannsche Hilbertmannigfaltigkeiten. Periodische Geodätische. VII, 211 Seiten. 1972. DM 20,-

Vol. 283: L. Illusie, Complexe Cotangent et Déformations II. VII, 304 pages. 1972. DM 24,-

Vol. 284: P. A. Meyer, Martingales and Stochastic Integrals I. VI, 89 pages. 1972. DM 16,-

Vol. 285: P. de la Harpe, Classical Banach-Lie Algebras and Banach-Lie Groups of Operators in Hilbert Space. III, 160 pages. 1972. DM 16,-

Vol. 286: S. Murakami, On Automorphisms of Siegel Domains. V, 95 pages. 1972. DM 16,-

Vol. 287: Hyperfunctions and Pseudo-Differential Equations. Edited by H. Komatsu. VII, 529 pages. 1973. DM 36,-

Vol. 288: Groupes de Monodromie en Géométrie Algébrique. (SGA 7 I). Dirigé par A. Grothendieck. IX, 523 pages. 1972. DM 50,-

Vol. 289: B. Fuglede, Finely Harmonic Functions. III, 188. 1972. DM 18,-

Vol. 290: D. B. Zagier, Equivariant Pontrjagin Classes and Applications to Orbit Spaces. IX, 130 pages. 1972. DM 16,-

Vol. 291: P. Orlik, Seifert Manifolds. VIII, 155 pages. 1972. DM 16,-

Vol. 292: W. D. Wallis, A. P. Street and J. S. Wallis, Combinatorics: Room Squares, Sum-Free Sets, Hadamard Matrices. V, 508 pages. 1972. DM 50,-

Vol. 293: R. A. DeVore, The Approximation of Continuous Functions by Positive Linear Operators. VIII, 289 pages. 1972. DM 24,-

Vol. 294: Stability of Stochastic Dynamical Systems. Edited by R. F. Curtain. IX, 332 pages. 1972. DM 26,-

Vol. 295: C. Dellacherie, Ensembles Analytiques, Capacités, Mesures de Hausdorff. XII, 123 pages. 1972. DM 16,-

Vol. 296: Probability and Information Theory II. Edited by M. Behara, K. Krickeberg and J. Wolfowitz. V, 223 pages. 1973. DM 20,-

Vol. 297: J. Garnett, Analytic Capacity and Measure. IV, 138 pages. 1972. DM 16,-

Vol. 298: Proceedings of the Second Conference on Compact Transformation Groups. Part 1. XIII, 453 pages. 1972. DM 32,-

Vol. 299: Proceedings of the Second Conference on Compact Transformation Groups. Part 2. XIV, 327 pages. 1972. DM 26,-

Vol. 300: P. Eymard, Moyennes Invariantes et Représentations Unitaires. II, 113 pages. 1972. DM 16,-

Vol. 301: F. Pittnauer, Vorlesungen über asymptotische Reihen. VI, 186 Seiten. 1972. DM 18,-

Vol. 302: M. Demazure, Lectures on p-Divisible Groups. V, 98 pages. 1972. DM 16,-

Vol. 303: Graph Theory and Applications. Edited by Y. Alavi, D. R. Lick and A. T. White. IX, 329 pages. 1972. DM 26,-

Vol. 304: A. K. Bousfield and D. M. Kan, Homotopy Limits, Completions and Localizations. V, 348 pages. 1972. DM 26,-

Vol. 305: Théorie des Topos et Cohomologie Etale des Schémas. Tome 3. (SGA 4). Dirigé par M. Artin, A. Grothendieck et J. L. Verdier. VI, 640 pages. 1973. DM 50,-

Vol. 306: H. Luckhardt, Extensional Gödel Functional Interpretation. VI, 161 pages. 1973. DM 18,-

Vol. 307: J. L. Bretagnolle, S. D. Chatterji et P.-A. Meyer, Ecole d'été de Probabilités: Processus Stochastiques. VI, 198 pages. 1973. DM 20,-

Vol. 308: D. Knutson, λ-Rings and the Representation Theory of the Symmetric Group. IV, 203 pages. 1973. DM 20,-

Vol. 309: D. H. Sattinger, Topics in Stability and Bifurcation Theory. VI, 190 pages. 1973. DM 18,-

Vol. 310: B. Iversen, Generic Local Structure of the Morphisms in Commutative Algebra. IV, 108 pages. 1973. DM 16,–

Vol. 311: Conference on Commutative Algebra. Edited by J. W. Brewer and E. A. Rutter. VII, 251 pages. 1973. DM 22,–

Vol. 312: Symposium on Ordinary Differential Equations. Edited by W. A. Harris, Jr. and Y. Sibuya. VIII, 204 pages. 1973. DM 22,–

Vol. 313: K. Jörgens and J. Weidmann, Spectral Properties of Hamiltonian Operators. III, 140 pages. 1973. DM 16,–

Vol. 314: M. Deuring, Lectures on the Theory of Algebraic Functions of One Variable. VI, 151 pages. 1973. DM 16,–

Vol. 315: K. Bichteler, Integration Theory (with Special Attention to Vector Measures). VI, 357 pages. 1973. DM 26,–

Vol. 316: Symposium on Non-Well-Posed Problems and Logarithmic Convexity. Edited by R. J. Knops. V, 176 pages. 1973. DM 18,–

Vol. 317: Séminaire Bourbaki – vol. 1971/72. Exposés 400–417. IV, 361 pages. 1973. DM 26,–

Vol. 318: Recent Advances in Topological Dynamics. Edited by A. Beck, VIII, 285 pages. 1973. DM 24,–

Vol. 319: Conference on Group Theory. Edited by R. W. Gatterdam and K. W. Weston. V, 188 pages. 1973. DM 18,–

Vol. 320: Modular Functions of One Variable I. Edited by W. Kuyk. V, 195 pages. 1973. DM 18,–

Vol. 321: Séminaire de Probabilités VII. Edité par P. A. Meyer. VI, 322 pages. 1973. DM 26,–

Vol. 322: Nonlinear Problems in the Physical Sciences and Biology. Edited by I. Stakgold, D. D. Joseph and D. H. Sattinger. VIII, 357 pages. 1973. DM 26,–

Vol. 323: J. L. Lions, Perturbations Singulières dans les Problèmes aux Limites et en Contrôle Optimal. XII, 645 pages. 1973. DM 42,–

Vol. 324: K. Kreith, Oscillation Theory. VI, 109 pages. 1973. DM 16,–

Vol. 325: Ch.-Ch. Chou, La Transformation de Fourier Complexe et L'Equation de Convolution. IX, 137 pages. 1973. DM 16,–

Vol. 326: A. Robert, Elliptic Curves. VIII, 264 pages. 1973. DM 22,–

Vol. 327: E. Matlis, 1-Dimensional Cohen-Macaulay Rings. XII, 157 pages. 1973. DM 18,–

Vol. 328: J. R. Büchi and D. Siefkes, The Monadic Second Order Theory of All Countable Ordinals. VI, 217 pages. 1973. DM 20,–

Vol. 329: W. Trebels, Multipliers for (C, α)-Bounded Fourier Expansions in Banach Spaces and Approximation Theory. VII, 103 pages. 1973. DM 16,–

Vol. 330: Proceedings of the Second Japan-USSR Symposium on Probability Theory. Edited by G. Maruyama and Yu. V. Prokhorov. VI, 550 pages. 1973. DM 36,–

Vol. 331: Summer School on Topological Vector Spaces. Edited by L. Waelbroeck. VI, 226 pages. 1973. DM 20,–

Vol. 332: Séminaire Pierre Lelong (Analyse) Année 1971-1972. V, 131 pages. 1973. DM 16,–

Vol. 333: Numerische, insbesondere approximationstheoretische Behandlung von Funktionalgleichungen. Herausgegeben von R. Ansorge und W. Törnig. VI, 296 Seiten. 1973. DM 24,–

Vol. 334: F. Schweiger, The Metrical Theory of Jacobi-Perron Algorithm. V, 111 pages. 1973. DM 16,–

Vol. 335: H. Huck, R. Roitzsch, U. Simon, W. Vortisch, R. Walden, B. Wegner und W. Wendland, Beweismethoden der Differentialgeometrie im Großen. IX, 159 Seiten. 1973. DM 18,–

Vol. 336: L'Analyse Harmonique dans le Domaine Complexe. Edité par E. J. Akutowicz. VIII, 169 pages. 1973. DM 18,–

Vol. 337: Cambridge Summer School in Mathematical Logic. Edited by A. R. D. Mathias and H. Rogers. IX, 660 pages. 1973. DM 42,–

Vol: 338: J. Lindenstrauss and L. Tzafriri, Classical Banach Spaces. IX, 243 pages. 1973. DM 22,–

Vol. 339: G. Kempf, F. Knudsen, D. Mumford and B. Saint-Donat, Toroidal Embeddings I. VIII, 209 pages. 1973. DM 20,–

Vol. 340: Groupes de Monodromie en Géométrie Algébrique. (SGA 7 II). Par P. Deligne et N. Katz. X, 438 pages. 1973. DM 40,–

Vol. 341: Algebraic K-Theory I, Higher K-Theories. Edited by H. Bass. XV, 335 pages. 1973. DM 26,–

Vol. 342: Algebraic K-Theory II, "Classical" Algebraic K-Theory, and Connections with Arithmetic. Edited by H. Bass. XV, 527 pages. 1973. DM 36,–

Vol. 343: Algebraic K-Theory III, Hermitian K-Theory and Geometric Applications. Edited by H. Bass. XV, 572 pages. 1973. DM 38,–

Vol. 344: A. S. Troelstra (Editor), Metamathematical Investigation of Intuitionistic Arithmetic and Analysis. XVII, 485 pages. 1973. DM 34,–

Vol. 345: Proceedings of a Conference on Operator Theory. Edited by P. A. Fillmore. VI, 228 pages. 1973. DM 20,–

Vol. 346: Fučík et al., Spectral Analysis of Nonlinear Operators. II, 287 pages. 1973. DM 26,–

Vol. 347: J. M. Boardman and R. M. Vogt, Homotopy Invariant Algebraic Structures on Topological Spaces. X, 257 pages. 1973. DM 22,–

Vol. 348: A. M. Mathai and R. K. Saxena, Generalized Hypergeometric Functions with Applications in Statistics and Physical Sciences. VII, 314 pages. 1973. DM 26,–

Vol. 349: Modular Functions of One Variable II. Edited by W. Kuyk and P. Deligne. V, 598 pages. 1973. DM 38,–

Vol. 350: Modular Functions of One Variable III. Edited by W. Kuyk and J.-P. Serre. V, 350 pages. 1973. DM 26,–

Vol. 351: H. Tachikawa, Quasi-Frobenius Rings and Generalizations. XI, 172 pages. 1973. DM 18,–

Vol. 352: J. D. Fay, Theta Functions on Riemann Surfaces. V, 137 pages. 1973. DM 16,–

Vol. 353: Proceedings of the Conference on Orders, Group Rings and Related Topics. Organized by J. S. Hsia, M. L. Madan and T. G. Ralley. X, 224 pages. 1973. DM 20,–

Vol. 354: K. J. Devlin, Aspects of Constructibility. XII, 240 pages. 1973. DM 22,–

Vol. 355: M. Sion, A Theory of Semigroup Valued Measures. V, 140 pages. 1973. DM 16,–

Vol. 356: W. L. J. van der Kallen, Infinitesimally Central-Extensions of Chevalley Groups. VII, 147 pages. 1973. DM 16,–

Vol. 357: W. Borho, P. Gabriel und R. Rentschler, Primideale in Einhüllenden auflösbarer Lie-Algebren. V, 182 Seiten. 1973. DM 18,–

Vol. 358: F. L. Williams, Tensor Products of Principal Series Representations. VI, 132 pages. 1973. DM 16,–

Vol. 359: U. Stammbach, Homology in Group Theory. VIII, 183 pages. 1973. DM 18,–

Vol. 360: W. J. Padgett and R. L. Taylor, Laws of Large Numbers for Normed Linear Spaces and Certain Fréchet Spaces. VI, 111 pages. 1973. DM 16,–

Vol. 361: J. W. Schutz, Foundations of Special Relativity: Kinematic Axioms for Minkowski Space Time. XX, 314 pages. 1973. DM 26,–

Vol. 362: Proceedings of the Conference on Numerical Solution of Ordinary Differential Equations. Edited by D. Bettis. VIII, 490 pages. 1974. DM 34,–

Vol. 363: Conference on the Numerical Solution of Differential Equations. Edited by G. A. Watson. IX, 221 pages. 1974. DM 20,–

Vol. 364: Proceedings on Infinite Dimensional Holomorphy. Edited by T. L. Hayden and T. J. Suffridge. VII, 212 pages. 1974. DM 20,–

Vol. 365: R. P. Gilbert, Constructive Methods for Elliptic Equations. VII, 397 pages. 1974. DM 26,–

Vol. 366: R. Steinberg, Conjugacy Classes in Algebraic Groups (Notes by V. V. Deodhar). VI, 159 pages. 1974. DM 18,–

Vol. 367: K. Langmann und W. Lütkebohmert, Cousinverteilungen und Fortsetzungssätze. VI, 151 Seiten. 1974. DM 16,–

Vol. 368: R. J. Milgram, Unstable Homotopy from the Stable Point of View. V, 109 pages. 1974. DM 16,–

Vol. 369: Victoria Symposium on Nonstandard Analysis. Edited by A. Hurd and P. Loeb. XVIII, 339 pages. 1974. DM 26,–

Vol. 370: B. Mazur and W. Messing, Universal Extensions and One Dimensional Crystalline Cohomology. VII, 134 pages. 1974. DM 16,–